权威·前沿·原创

皮书系列为

“十二五”“十三五”“十四五”时期国家重点出版物出版专项规划项目

智库成果出版与传播平台

中国农业科学院智库报告

中国农村人居环境发展报告（2023）

CHINA RURAL LIVING ENVIRONMENTS DEVELOPMENT REPORT (2023)

主　编 / 王登山
副主编 / 张鸣鸣　徐彦胜

社会科学文献出版社
SOCIAL SCIENCES ACADEMIC PRESS (CHINA)

图书在版编目（CIP）数据

中国农村人居环境发展报告.2023 / 王登山主编；
张鸣鸣，徐彦胜副主编.--北京：社会科学文献出版社，
2024.1
（农村人居环境绿皮书）
ISBN 978-7-5228-2868-8

Ⅰ.①中… Ⅱ.①王… ②张… ③徐… Ⅲ.①农村-
居住环境-环境综合整治-研究报告-中国-2023 Ⅳ.
①X21

中国国家版本馆 CIP 数据核字（2023）第 226163 号

农村人居环境绿皮书
中国农村人居环境发展报告（2023）

主　　编 / 王登山
副 主 编 / 张鸣鸣　徐彦胜

出 版 人 / 冀祥德
责任编辑 / 王　展
责任印制 / 王京美

出　　版 / 社会科学文献出版社 · 皮书出版分社（010）59367127
　　　　　地址：北京市北三环中路甲 29 号院华龙大厦　邮编：100029
　　　　　网址：www.ssap.com.cn
发　　行 / 社会科学文献出版社（010）59367028
印　　装 / 三河市东方印刷有限公司

规　　格 / 开 本：787mm × 1092mm　1/16
　　　　　印 张：14.5　字 数：214 千字
版　　次 / 2024 年 1 月第 1 版　2024 年 1 月第 1 次印刷
书　　号 / ISBN 978-7-5228-2868-8
定　　价 / 158.00 元

读者服务电话：4008918866

指导委员会

编委会

前　言

本书编委会

改善农村人居环境，是以习近平同志为核心的党中央从战略和全局高度作出的重大决策部署，是实施乡村振兴战略的一项重要任务，事关广大农民根本福祉，事关美丽中国建设。习近平总书记在2023年全国生态环境保护大会上强调，今后5年是美丽中国建设的重要时期，要牢固树立和践行绿水青山就是金山银山的理念，推动城乡人居环境明显改善。2018年以来，中共中央办公厅、国务院办公厅先后印发《农村人居环境整治三年行动方案》《农村人居环境整治提升五年行动方案（2021-2025年）》，各地区各部门深入学习习近平总书记关于改善农村人居环境的重要指示批示精神，认真贯彻党中央、国务院决策部署，深入学习浙江"千村示范、万村整治"工程经验，全面扎实推进农村人居环境整治。目前，全国农村卫生厕所普及率超过73%，农村生活污水治理率达到31%左右，生活垃圾收运处理体系覆盖的自然村比例达91%，绝大多数村庄实现干净整洁有序。

全面推进农村人居环境整治，建设宜居宜业和美乡村，不断提高农民群众生活品质，已然成为全面贯彻落实乡村振兴战略的重要举措。2023年是习近平同志在浙江工作期间亲自谋划、亲自部署、亲自推动的"千村示范、万村整治"工程实施20周年。我们在调研过程中深深感到，新时代新征程，要牢固树立绿水青山就是金山银山的理念，持续改善农村人居环境，推动美丽中国建设，为全面推进乡村振兴提供助力。因此，通过科学设立农村人居环境评价指标体系，客观评价我国农村人居环境，精确分析我国农村人居环境整治各重点任务进展情况及发展现状水平，既是贯彻落实党中央、国务院决策部署的重要体现，也能为不同地区更有针对性地制定农村人居环境政策提供参考，对促进新时代我国农村人居环境持续健康发展、推动乡村振兴战略实施，具有重要的现实意义。

本书编委会在对我国农村人居环境发展进行深入研究的基础上，构建了农村人居环境评价指标体系，对我国农村人居环境水平进行了评价分析，梳理了农村厕所革命、农村生活垃圾治理、农村生活污水治理等重点任务进展，提出了下一步农村人居环境整治提升的对策建议。

本报告在编写过程中，得到了农业农村部农村社会事业促进司和乡村建设促进司、国家乡村振兴局开发指导司等有关部门和单位的大力支持。调研过程中得到了山西、吉林、江苏、河南、广西、重庆、四川等地方政府的大力支持。社会科学文献出版社对本报告的出版给予了大力协助。它们为报告的编写、修改和审定提供了多种帮助，为本书的撰写、成稿创造了良好条件。在此，谨向为本书编辑出版工作付出心血和提供支持帮助的所有单位和个人致以衷心感谢！

希望本报告能够为推动我国农村人居环境改善、助力美丽中国建设提供有益参考和借鉴，能为每一位参与农村人居环境整治的干部群众提供一些帮助和启迪。

由于时间和编者水平有限，书中的错误和缺点在所难免，敬请广大读者批评指正。

2023年9月14日

摘　要

改善农村人居环境，建设美丽宜居乡村，是实施乡村振兴战略的一项重要任务。党的二十大报告指出，必须牢固树立和践行“绿水青山就是金山银山”的理念，提升环境基础设施建设水平，推进城乡人居环境整治。

为全面了解、评价中国农村人居环境发展情况，“中国农村人居环境发展报告（2023）”课题组在人居环境相关理论和对我国农村人居环境进行深入研究的基础上，构建我国农村人居环境发展指标体系，从人类系统、社会系统、居住系统和支撑系统四个方面对全国31个省份和95个抽样城市农村人居环境发展水平作出评价，并对农村人居环境建设过程中人与自然协调发展水平作出评价。本报告在总结2022年中国农村人居环境整治提升主要进展的基础上，以浙江“千万工程”经验为起点，进一步梳理我国农村人居环境发展的做法成效、存在的问题挑战，并提出以推广“千万工程”经验为指引，深入推进农村人居环境整治提升的对策建设。

本报告聚焦农村人居环境提升重点内容，介绍了农村厕所革命、农村生活垃圾治理、农村生活污水治理等重点任务情况，通过政策分析和实践研究，分别对现状、成效、困难和挑战进行分析，并提出相应的对策建议。同时，针对农村人居环境长效管护，从政策实践、地方机构协调、农民付费制度、管护标准体系建设等方面，在理论分析基础上，基于实地调研发现，开展整体性、前瞻性研究，为农村人居环境长治长效提供参考。

关键词： 农村人居环境　千万工程　长效管护机制

目 录

Ⅰ 主报告

Ⅱ 专题报告

Ⅲ 主题报告

皮书数据库阅读**使用指南**

主报告

General Reports

G.1

中国农村人居环境发展测度和评价

课题组*

摘　要： 本报告在农村人居环境相关理论基础上构建农村人居环境发展水平评价指标体系，从人类系统、社会系统、居住系统和支撑系统四个方面对全国31个省份和95个抽样城市2022年度农村人居环境发展水平做出评价，在此基础上，从反映人与自然和谐共生关系的角度，对农村人居环境建设过程中人与自然协调发展水平作出评价。结果显示，东部地区农村人居环境发展水平领先优势稳中有增，省市双重尺度下四大区域农村人居环境发展水平均有所提升，省会城市区域领先格局依旧突出。分系统来看，人类系统发展水平东部地区领先的格局保持稳定；社会系统呈现总体提升发展但区域分异的变化特征；居住系统

* 课题组主要成员：王登山、张鸣鸣、龙燕、徐彦胜、刘建艺、杨伟、刘钰聪。本报告主要执笔人：张鸣鸣、杨伟。张鸣鸣，博士，农业农村部成都沼气科学研究所研究员、政策团队首席科学家，主要研究方向为农村公共产品理论、农村人居环境治理政策；杨伟，中国农业科学院博士研究生，主要研究方向为农业经济理论与政策。

呈现东部领先的格局，但在不同尺度下表现出相异发展趋势；支撑系统发展水平东部领先、中西部发展不足的特征没有改变，但四大区域支撑系统发展水平均有小幅提升。31个省份和95个抽样城市农村人居环境人与自然协调发展水平大多处于协调发展状态，但从平均值来看，整体发展程度偏低。中部和东北地区整体协调水平更高，协调发展指数与自然系统发展水平正向对应。

关键词： 农村人居环境　居住系统　协调发展指数

改善农村人居环境是实施乡村振兴战略的重点任务，是满足农民期盼、切实增进农民福祉的重要抓手。为持续推动农村人居环境整治提升，2021年，中共中央办公厅、国务院办公厅印发《农村人居环境整治提升五年行动方案（2021-2025年）》，随着五年行动全面展开，农村人居环境整治提升的内容更加丰富，全国农村人居环境从干净整洁不断向整体质量提升迈进。为及时、客观地反映农村人居环境发展态势，分析全国农村人居环境发展的阶段性特征，本报告构建农村人居环境发展水平评价指标体系，着重考虑人的主观能动作用对农村人居环境的影响，强调政策实践和经济社会发展对农村人居环境治理的作用，从人类、社会、居住和支撑四个系统功能出发，从发展的角度对农村人居环境发展水平作出评价。在此基础上，通过测算农村人居环境协调发展指数对农村人居环境发展过程中人与自然和谐共生关系作出评价（见图1）。

农村人居环境发展水平评价指标体系包括人类系统、社会系统、居住系统、支撑系统4个一级指标、11个二级指标和11个三级指标（指标体系详见本报告附录）。人类系统主要从测度人类福祉的角度出发，用考察收入、教育、健康的人类发展指数（HDI）测度。社会系统侧重于社会公平和社会包容性，从医疗资源、社会公平、城乡关系三个方面对社会系统进行评价。

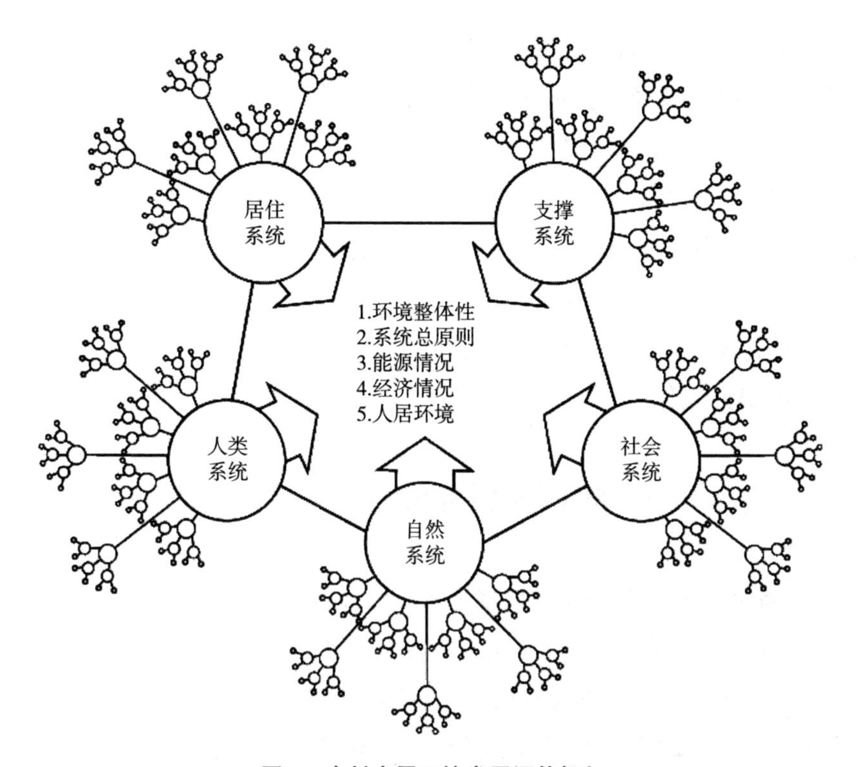

图1　农村人居环境发展评估框架

资料来源：吴良镛：《人居环境科学导论》，中国建筑工业出版社，2001，第40页。

居住系统强调住房的舒适性、方便性和经济性。支撑系统是指为人类活动提供支持、服务聚落并将聚落连为整体的所有人工和自然的联系系统、技术保障系统，主要指人类住区的基础设施。本报告在指标体系的设置、数据获取和评价上整体遵循导向性、系统性、独立性和可操作性原则。从省级、市级两个尺度对农村人居环境作出评价，省级尺度方面，选择除香港、澳门和台湾以外的31个省（自治区、直辖市）作为评价对象。市级尺度方面，以经济发展水平作为主要依据，选择27个省（自治区）的95个市（州、盟）作为评价对象。各评价指标主要采用2021年数据，数据来源主要包括2022年中国统计年鉴，2022年各省（自治区、直辖市）统计年鉴，2022年各市（州、盟）统计年鉴、统计公报以及相关政府部门公布的数据。由于农村卫生厕所普及率、农村生活垃圾治理率、农村生活污水治理率等指标不属于常规统计口径，各地区公布数据的时点不一致，本报告采用2022年底前各地区公开的最新数据。首先计算得出各系统发展水平，采用平均赋权法进行系统指标权重赋值，进一步通过人类系统、社会系统、居住系统和支撑系统加权计算农村人居环境发展水平。在此基础上，引入自然系统因素，计算自然系统与农村人居环境协调发展指数，以此反映农村人居环境发展过程中人与自然和谐共生关系。农村人居环境发展评价指标体系及综合评分表见附录。

一　农村人居环境总体发展格局

东部地区农村人居环境发展水平领先优势稳中有增，省市双重尺度下四大区域①农村人居环境发展水平均有所提升，省会城市区域领先格局依旧突出。省级尺度下，31个省（自治区、直辖市）农村人居环境综合评分平均值为0.701，上海以0.881的评分连续两年排名第一，排名前十的省份分别为上海、天津、北京、江苏、浙江、福建、山东、重庆、广东和湖北（见图2），其中，东部地区省份占8席、中西部各占1席。东部、中部、西部和东北地区省份农村人居环境评分平均值分别为0.786、0.702、0.634、0.686，评分均值相较于上一年均有明显的提升。农村人居环境评分在均值以上的省份有14个，其中东部省份9个、中部省份4个、西部省份1个，与上年保持一致。排名前十的省份中，福建、山东两省排名有所上升，重庆下降两位排第八位。

市级尺度下，95个抽样城市的农村人居环境综合评分平均值为0.671，苏

① 本报告按照通常的划分方法，把纳入评价的省市划分为东部、中部、西部、东北四大地区，东部地区包括北京市、天津市、上海市、江苏省、浙江省、福建省、广东省、海南省、河北省、山东省10个省市，中部地区包括山西省、安徽省、江西省、河南省、湖北省、湖南省6个省，西部地区包括内蒙古自治区、广西壮族自治区、重庆市、四川省、贵州省、云南省、陕西省、甘肃省、青海省、西藏自治区、新疆维吾尔自治区、宁夏回族自治区12个省区市，东北地区包括辽宁省、吉林省、黑龙江省3个省。

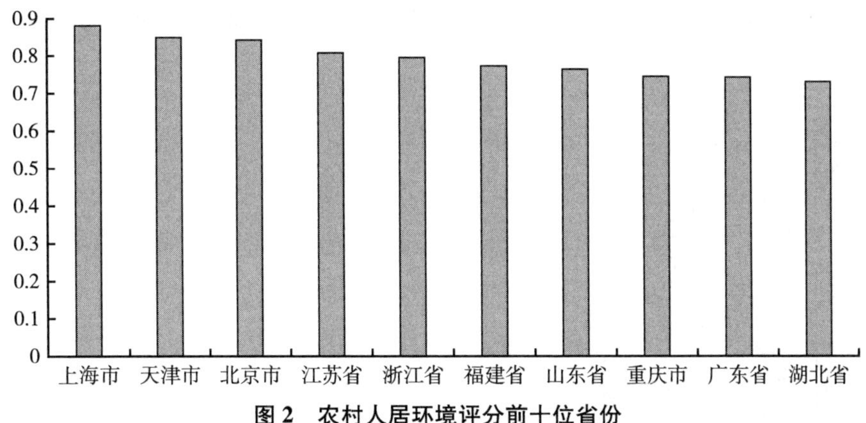

图 2　农村人居环境评分前十位省份

州以 0.834 的评分连续三年位居首位，排名前十的城市分别为苏州、南京、广州、长沙、杭州、武汉、成都、泉州、徐州和郑州（见图 3），其中东部地区 6 席、中部地区 3 席、西部地区 1 席，前十名城市中省会城市 7 席。农村人居环境评分在均值以上的城市有 43 个，其中东部地区 21 个，占比 48.8%；中部地区 12 个，占比 27.9%；西部地区 4 个，占比 9.3%，东北地区 6 个，占比 14.0%。

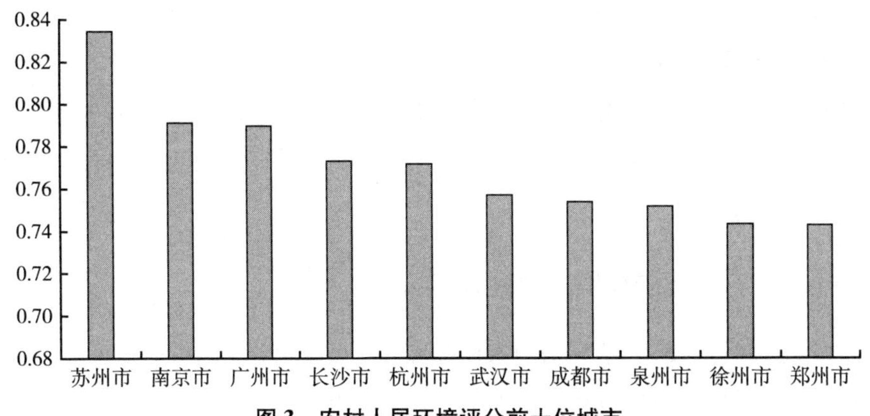

图 3　农村人居环境评分前十位城市

抽样城市中，27 个省会城市农村人居环境总体评分均值为 0.702，南京以 0.791 的评分连续三年排名第一，排名前十的省会分别为南京、广州、长沙、杭州、武汉、成都、郑州、合肥、太原和沈阳（见图 4）。27 个省会城市中有 17 个城市农村人居环境发展水平评分在 95 个抽样城市评分平均值以上。

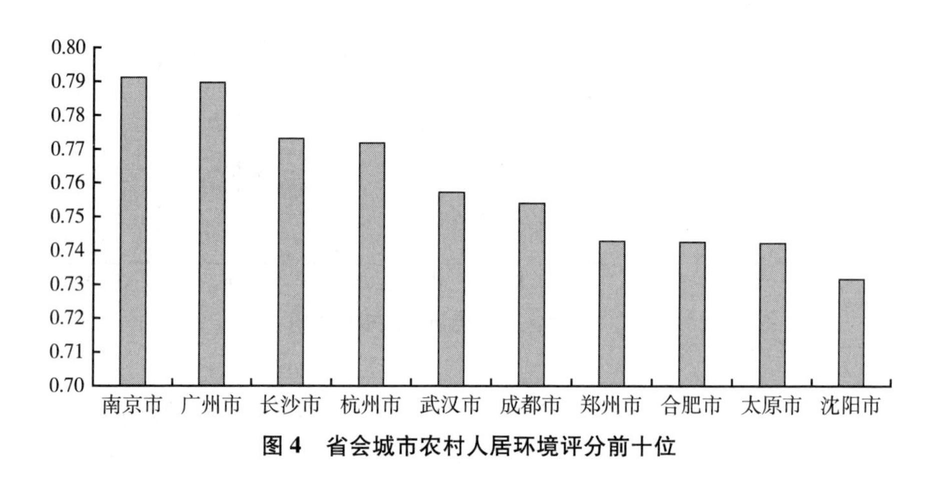

图 4　省会城市农村人居环境评分前十位

二　农村人居环境分系统发展格局

分系统评价结果显示，人类系统发展水平东部地区领先的格局保持稳定；社会系统呈现总体提升但区域分异的变化特征；省级、市级尺度下居住系统均呈现东部领先的格局，但不同尺度呈现相异发展趋势；支撑系统发展水平东部领先、中西部发展不足的特征没有改变，但四大区域支撑系统发展水平均有小幅提升。

（一）农村人居环境人类系统排名

省级尺度下，31 个省份农村人居环境人类系统评分平均值为 0.734，北京市以 0.881 的评分位居首位，排名前十的省份依次为北京、上海、天津、江苏、浙江、广东、辽宁、内蒙古、山东和吉林（见图 5）。在排前十位的省份中，东部地区 7 席、西部地区 1 席、东北地区 2 席。东部、中部、西部和东北地区省份农村人居环境人类系统评分平均值分别为 0.891、0.823、0.787、0.848。

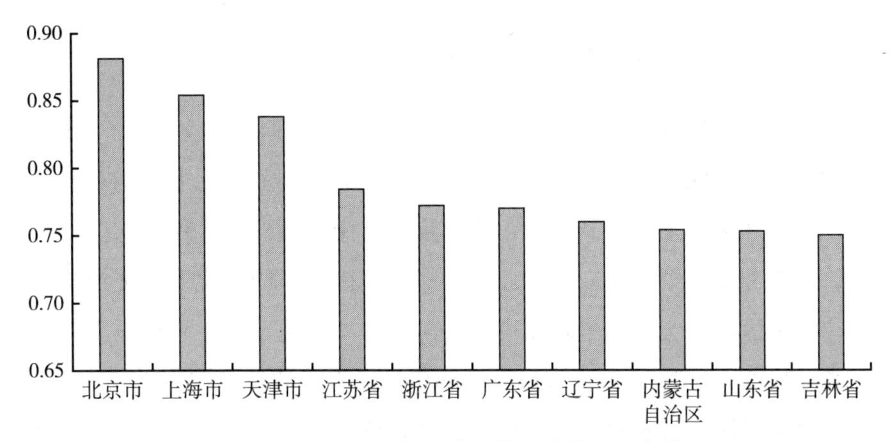

图5　农村人居环境人类系统评分前十位省份

市级尺度下，95个抽样城市农村人居环境人类系统评分平均值为0.752，苏州以0.832的评分居首位，排名前十的城市分别为苏州、南京、鄂尔多斯、广州、长沙、呼和浩特、武汉、大连、杭州和宁波（见图6）。在排前十位的城市中，东部地区占5席、中部地区占2席、西部地区占2席、东北地区占1席。东部、中部、西部和东北地区抽样城市农村人居环境人类系统评分平均值分别为0.928、0.895、0.878、0.930。

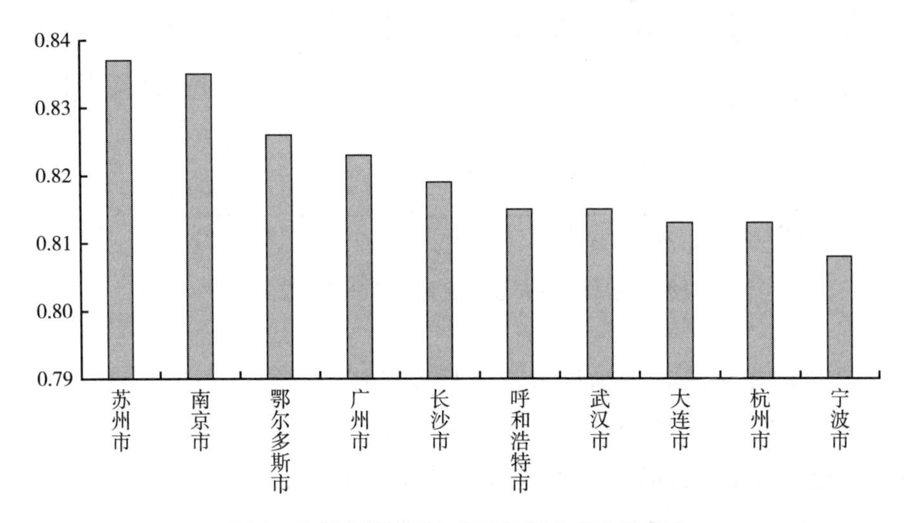

图6　农村人居环境人类系统评分前十位城市

（二）农村人居环境社会系统排名

农村人居环境社会系统发展趋势呈现总体提升但区域分异的特征。省级、市级尺度下农村人居环境社会系统总体评分平均值相比上年均有不同程度的提高，从区域来看，省级、市级尺度下，中、西部地区评分均值均有所上升，而东部地区则呈现双下降态势，东北地区在不同尺度下呈现相反变动趋势，四大区域社会系统平均发展水平的地区差距呈现缩小趋势。

省级尺度下，31 个省份农村人居环境社会系统评分平均值为 0.605，上海以 0.929 的评分居农村人居环境社会系统首位，排名前十的省份分别为上海、北京、天津、浙江、江苏、山东、辽宁、黑龙江、吉林和山西（见图 7）。在排前十位的省份中，东部地区占 6 席、中部地区占 1 席、东北地区占 3 席。东部、中部、西部和东北地区省份农村人居环境社会系统评分平均值分别为 0.691、0.578、0.538、0.639。

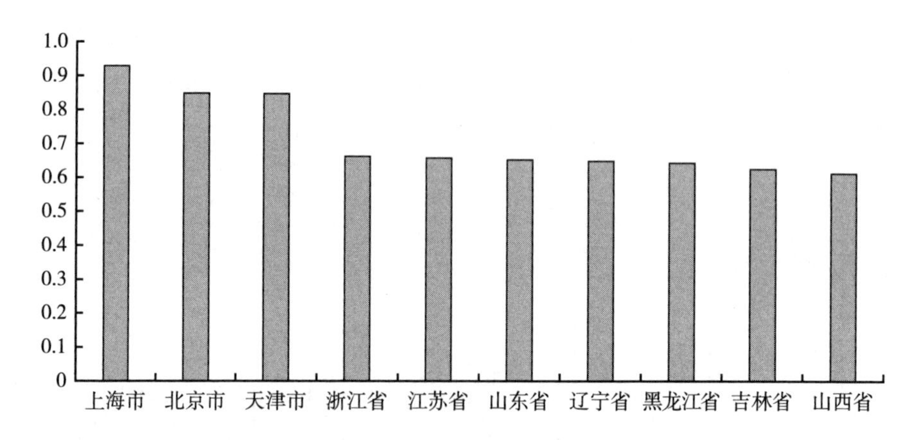

图 7　农村人居环境社会系统评分前十位省份

市级尺度下，95 个抽样城市农村人居环境社会系统评分平均值为 0.532，乌鲁木齐以 0.894 分居首位，排名前十的城市依次为乌鲁木齐、太原、大连、沈阳、苏州、合肥、广州、盘锦、伊春和杭州（见图 8）。在排前十位的城市中，东部地区占 3 席、中部地区占 2 席、西部地区占 1 席、东北地区占4席。东部、中部、西部和东北地区抽样城市农村人居环境社会系统评分平均值分别为0.554、0.545、0.491、0.568。

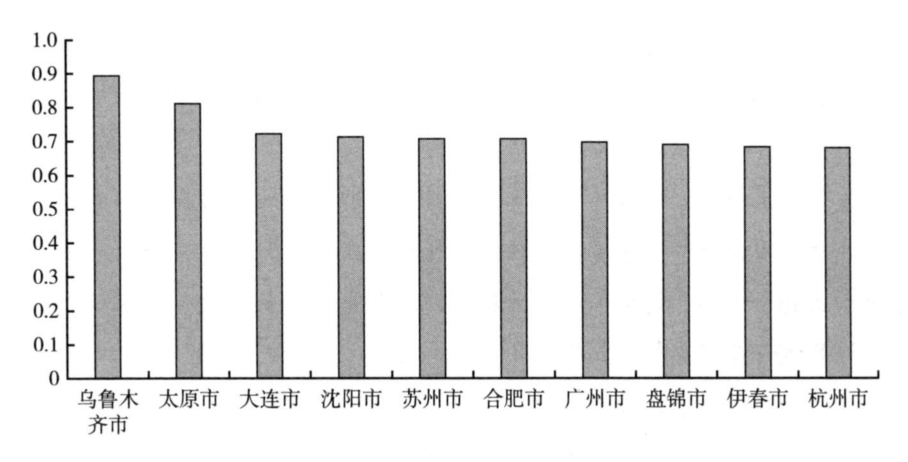

图8　农村人居环境社会系统评分前十位城市

社会系统发展专栏

河北省邢台市南和区推进农村基层卫生健康服务一体化发展

邢台市南和区地处太行山东麓，总面积405平方公里，辖5镇3乡218个行政村，总人口41.3万人，其中乡村人口21.1万人。南和区全域推进乡村卫生健康服务“十统一”管理，优化配置基层医疗卫生资源，推动基层卫生健康服务一体化发展。创新推出信息化支付、农村健康大院、医养结合、“医育养教”托育等新模式，提升农村社会系统发展水平。

一、政府主导一体化推进

一是加强组织领导和监督落实。成立主要领导挂帅的工作小组，印发专门工作推进方案，并制定专项工作推进考核指标。二是强化资金保障。区级财政将村医基本公共卫生服务补助资金、基本药物专项补助资金、村卫生室改造提升经费纳入财政年度预算，对乡村基层医疗卫生机构进行标准化改造，并对机构日常运行经费予以补助，根据人口基数落实家庭医生签约服务费。

二、县域医疗资源一体化发展

一是加强县域紧密型医共体建设。推进远程诊疗，推动区医院与全国知名医院建立远程诊疗合作关系，区医院通过传帮带、远程诊疗、分级医疗等方式与乡镇卫生院建立紧密联系，强化医疗资源向乡村基层下沉。二是推进乡村卫生健康一体化。建立“十统一”制度，对村卫生人员、工资、财务、药械、业务、组织、准入退出、教育培训、绩效、奖惩进行统一规范化管理，实现乡镇和村级医疗卫生资源高度融合。

三、强服务模式改革创新

一是推行信息化支付模式。推动支付模式信息化改革，利用信息化手段量化基层卫生服务机构服务量，根据服务量发放补助。二是推行农村健康大院模式。将村卫生室改扩建成农村健康大院，健全完善各类卫生健康功能室，开展健康教育知识普及、远程专家会诊、康复指导等活动。三是推行“医育养教”托育模式。推动医疗服务与托育服务融合发展，建立儿童健康档案，开展预防接种、保健等医育结合服务。四是推行医养结合模式。推动医疗卫生机构与养老机构合作，在医院配置养老床位和设施，为老年人提供医养结合服务。推动家庭医生签约服务向居家养老且有医疗护理需求的对象倾斜。建立护理保险，为失能或半失能参保人员提供基本生活照料和医疗护理服务。

通过全面推行紧密型县域医共体建设及乡村卫生健康服务一体化管理改革，不断提升乡村医疗卫生机构标准化、规范化水平，提升乡村医生工作积极性，优化乡村基层医疗卫生机构服务环境，提升乡村医疗卫生服务水平。

资料来源：“国家发展改革委”门户网站，https：//www.ndrc.gov.cn/xwdt/ztzl/qgncggfwdxal/202304/t20230427_1354902.html。

（三）农村人居环境居住系统排名

省、市两级尺度下，东部地区农村人居环境居住系统发展水平与上年相比有所下降，但在全国领先地位仍然保持不变。东、中部居住系统评分平均值较为接近，西部地区则略显滞后。居住系统在省级、市级尺度下呈现不同的发展态势，省级尺度下，居住系统总体处于发展停滞的状态，东部、西部和东北地区省份居住系统发展水平均有不同程度下降。市级尺度下，四大区域农村人居环境居住系统评分平均值有所提升，其中西部地区抽样城市评分平均值增幅达10%以上。

省级尺度下，31个省份农村人居环境居住系统评分平均值为0.714，福建以0.857的居住系统评分排在首位，排名前十的省份分别为福建、上海、江苏、湖北、湖南、浙江、广西、重庆、四川和安徽（见图9）。在排前十位的省份中，东部地区占4席、中部地区占3席、西部地区占3席。东部、中部、西部和东北地区省份农村人居环境居住系统评分平均值分别为0.774、0.752、0.647、0.708。

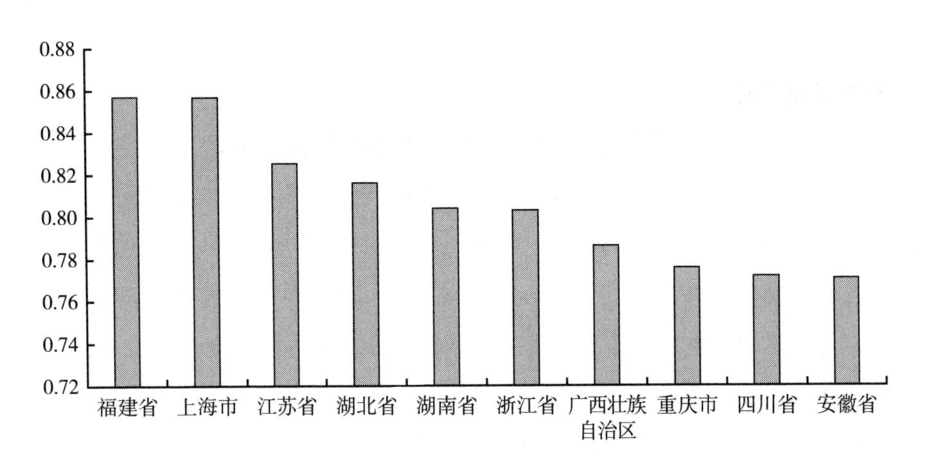

图9　农村人居环境居住系统评分前十位省份

市级尺度下，95个抽样城市农村人居环境居住系统评分平均值分别为0.688，泉州以0.841的评分排在居住系统首位，排名前十的城市分别为泉州、福州、南京、长沙、徐州、茂名、连云港、十堰、杭州和丽水（见图10）。在排前十位的城市中，东部地区占8席、中部地区占2席。东部、中部、西部和东北地区抽样城市农村人居环境居住系统评分平均值分别为0.733、0.697、0.647、0.675。

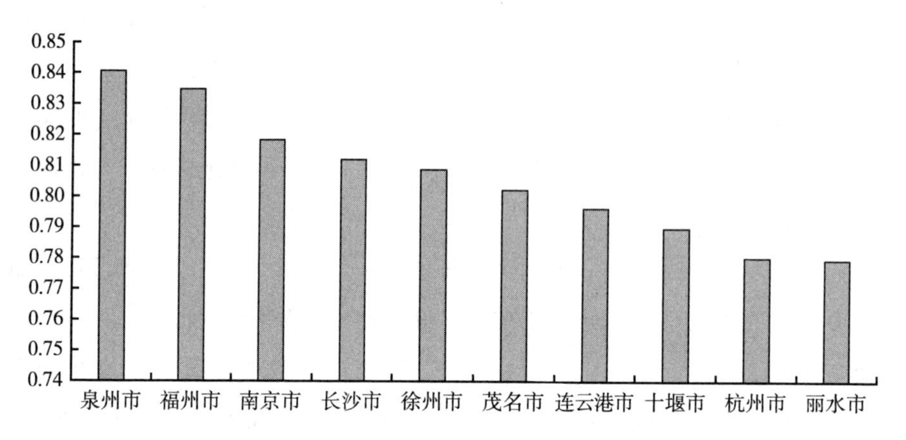

图10　农村人居环境居住系统评分前十位城市

居住系统专栏

福建省三明市将乐县持续改造农村居住环境

三明市将乐县位于福建省西北武夷山地区，县域面积2241平方公里，常住人口14.49万，辖8个镇5个乡135个行政村和10个社区，2021年末全县农村常住人口5.83万人。将乐县统筹乡村产业发展、农村人居环境整治、村庄规划、农房治理和基本公共服务提升，着力打造宜居宜业美丽乡村，取得显著成效。先后荣获国家“两山”实践创新基地、全省农村厕所革命样板县，连续六年入选“中国最美县域”榜单，2020年打造“绿水青山”赢得“金山银山”经验做法获国务院通报表扬。

一、推进农村人居环境整治

按照全面推进与因村施策相结合的原则统筹推进农村人居环境整治

工作，对覆盖全县85%以上农村人口的76个重点村开展农村污水集中处理、垃圾分类治理、农村厕所革命，农村污水处理率超过90%，农村垃圾处理率达100%，无害化卫生厕所普及率达99.98%。深入推进农村生态环境修复保护工作，探索实施重点生态区森林资源保护PPP项目，落实湖长制和林长制。改善农村基础设施“重建轻管”问题，建立农村公共基础设施管护长效机制，对人居环境设施实行第三方市场化运作、专业化管护。

二、推进农村房屋治理

编制实用性村庄规划，全面提升农村风貌管控水平，保护传统农房风貌、乡愁文化。在农房治理过程中，推进新建农房前置审批模式，为新建农房无偿提供建造图集，确保新建房屋风貌统一。开展农村裸房专项整治，对未完成建造、未经装饰的房屋和地上构筑物进行清理，按照建筑面积予以一定标准改造补助。

三、促进乡村基本公共服务提升

一是推动基层医疗卫生机构提质。建设县域紧密型医共体，推动县级医疗卫生资源向乡村下沉，实现县乡村医疗健康服务一体化管理，对农村基层医疗卫生机构进行标准化改造，提升乡村医生待遇和增加乡村基层医疗卫生机构运行保障经费。二是创新农村中小学生关爱工作。通过农村中小学寄宿生食宿改善工程、“幸福成长”工程和农村学校硬件设施改造，提高农村学生营养供给、生活学习环境水平。三是打通便民服务“最后一公里”。规范建设乡镇便民服务中心和村居代办点，打造集乡村振兴综合便民服务平台、“一站式”多元调解平台、城区社区网格化服务平台于一体的社会治理综合服务中心，提升便民服务效能。

资料来源：“国家乡村振兴局门户网站”，https：//nrra. gov. cn/art/2022/8/19/art_ 5145_ 196297. html；“将乐县政府门户网站”，http：//www. jiangle. gov. cn/zwgk/gzbg/202301/t20230109_ 1870352. htm。

（四）农村人居环境支撑系统排名

农村人居环境支撑系统发展水平仍然呈现东部领先、中部地区居中、中西部发展水平略有不足的空间特征。相较于上年，省级尺度下农村人居环境支撑系统评分平均值具有相对明显的提升；从区域来看，四大区域居住系统总体均有不同程度的发展。市级尺度下，支撑系统评分平均值提升幅度稍小，除中部地区有所下降外，其余三个区域支撑系统评分平均值均有所上升。

省级尺度下，31 个省份农村人居环境支撑系统评分平均值为 0.653，天津以 0.865 的评分排在支撑系统首位，排名前十的省份分别为天津、江苏、浙江、北京、山东、福建、上海、广东、重庆和安徽（见图 11）。在前十位省份中，东部地区占 8 席、中部地区占 1 席、西部地区占 1 席。东部、中部、西部和东北地区省份农村人居环境支撑系统评分平均值分别为 0.788、0.657、0.565、0.547。

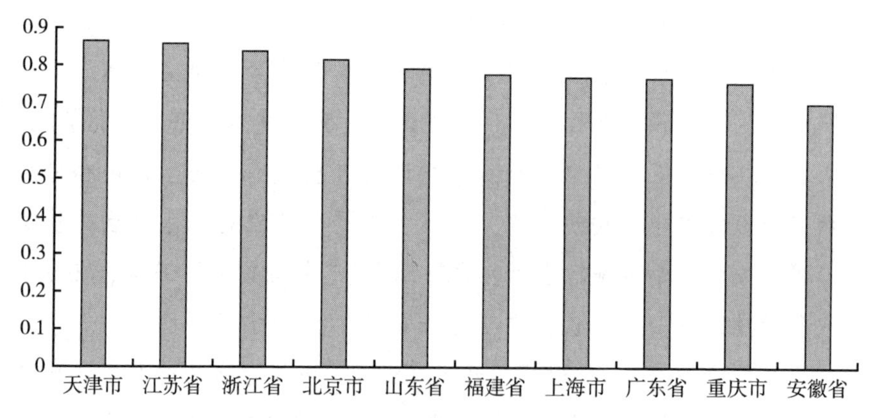

图 11　农村人居环境支撑系统评分前十位省份

市级尺度下，95 个抽样城市农村人居环境支撑系统评分平均值为 0.561，苏州以 0.870 的评分排在支撑系统第一位，排名前十的城市分别为苏州、广州、台州、泉州、海口、宁德、济南、成都、南京和宁波（见图 12）。在前十位城市中，东部地区占 9 席、西部地区占 1 席。东部、中部、西部和东北地区抽样城市农村人居环境支撑系统评分平均值分别为 0.641、0.574、0.499、0.516。

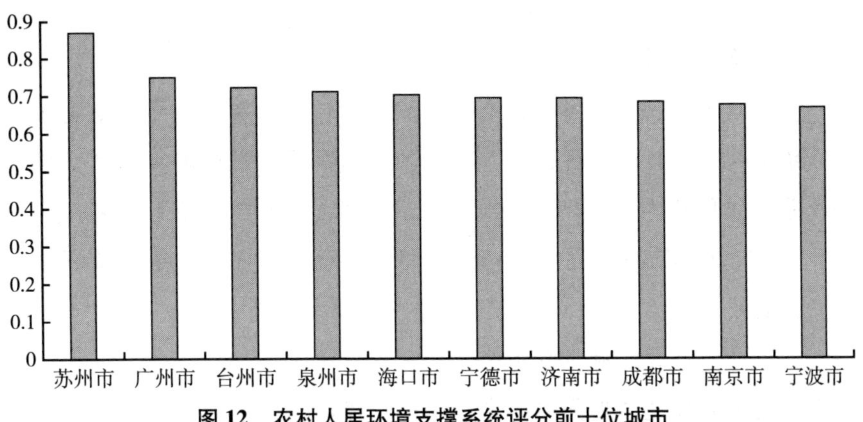

图 12　农村人居环境支撑系统评分前十位城市

支撑系统专栏

浙江省宁波市持续推动农村公路建设，赋能乡村发展

农村公路对农村生态文明、美丽乡村、乡村振兴具有重要的支撑作用，宁波市通过“村村通”“联网公路”“提升改造”“四好农村路”四个阶段的接续建设，到 2022 年底，全市农村公路总里程达 9933 公里，占宁波市公路网总里程的 86.6%，获批国家首批“四好农村路”示范市、“四好农村路”建设市域突出单位。象山、奉化获评全国“四好农村路示范县”，鄞州、余姚等获评浙江省“四好农村路示范县”，全市所有区市县均已通过美丽走廊达标创建。

一、城乡公交一体化发展

在四好农村路建设阶段，宁波市农村公路建设以“畅、安、舒、美、富”为目标，新改建农村公路 1213 公里，实施农村公路大中修 2501 公里，建成村级物流点 2364 个，更新农村客车 1410 辆。开通城乡公交线路 230 多条，投放公交运力 1400 余辆，建成农村港湾式停靠站 575 座，全市 2500 多个建制村实现公交全覆盖，城乡客运一体化发展水平保持 5A 级，实现了城乡客运网络有效衔接和区域融合。

二、强化农村公路安全及建设管护

宁波积极创新科技治超，全市投资2.5亿元，建成公路治超电子检测系统194处，其中农村公路106处，基本实现农村公路重要路段路网全覆盖。强化发挥“三级路长制”作用，建立健全工作机制，将路长履职和基层治理等工作相结合，加强农村公路管理信息化建设，确保路长制发挥实效。

三、纵向推进农村公路建设

宁波大力推进“四好农村路”示范创建纵深化发展，以乡镇为“四好农村路”工作的主战场和桥头堡，将“四好农村路”示范样板推广到乡镇，培育了一批基础设施条件好、交通服务能力强的“四好农村路”示范乡镇。2022年新获评“四好农村路”示范乡镇共6个，全市成功创建“四好农村路”示范乡镇数量达到48个。

四、提升农村公路等级

宁波市围绕交通富民，助力乡村振兴，通过新改建等方式不断提升农村公路等级，实现全市等级公路村村通，其中一级公路825公里，二级公路709公里，三级公路1449公里，四级公路6950公里。农村公路高级路面占比达到97.8%，极大提升农村通行条件。

资料来源：宁波市公路与运输管理中心官方公众号“宁波公路与运输”2022年10月19日，数据时间为：2018年~2020年，出处为中国宁波网，http：//news. cnnb. com. cn/system/2021/09/14/030288485. shtml。

三　农村人居环境人与自然和谐共生关系评价

改善农村人居环境、建设美丽宜居乡村，是实施乡村振兴战略的一项重要任务。打造美丽乡村，为老百姓留住鸟语花香田园风光，让乡村成为现代生活、乡愁记忆和美丽山水的承载，体现的是人与自然和谐共生的发展理念。本报告构建农村人居环境协调发展指数，对农村人居环境建设发展过程中人与自然和谐共生关系作出评价。

（一）农村人居环境自然系统评价

自然系统整体发展水平仍处于较低水平，东北和中部地区自然系统相对优势仍然突出。从变化趋势看，省级、市级尺度下所有省份和抽样城市自然系统评分平均值均有所下降；分区域看，省级尺度下东北地区省份自然系统评分平均值增加，其余三个地区则呈下降趋势；市级尺度下四大区域自然系统评分平均值均呈下降趋势。

省级尺度下，31个省份自然系统评分平均值为0.300，评分排在前十位的省份分别为黑龙江、广东、安徽、四川、山东、河南、江西、西藏、辽宁和吉林（见图13）。在排前十位的省份中，东部地区占2席，中部地区占3席，西部地区占2席，东北地区占3席。东部、中部、西部和东北地区省份自然系统评分平均值分别为0.265、0.372、0.259、0.441。

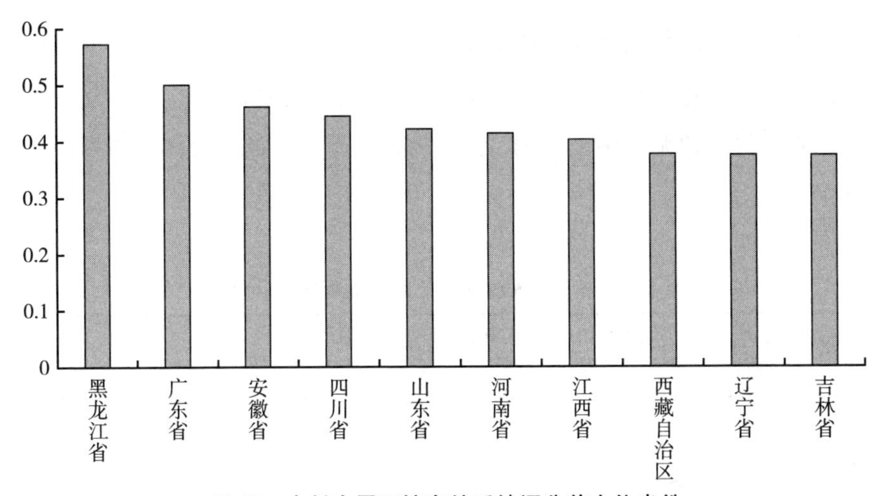

图13　农村人居环境自然系统评分前十位省份

市级尺度下，95个抽样城市自然系统评分平均值为0.252，评分排名前十的城市依次为上饶、哈尔滨、十堰、赣州、怀化、沈阳、汉中、遵义、梅州和长春（见图14）。在排前十位的城市中，东部地区占1席，中部地区占

4席，西部地区占2席，东北地区占3席。东部、中部、西部和东北地区抽样城市自然系统评分平均值分别为0. 232、0. 300、0. 214、0. 301。

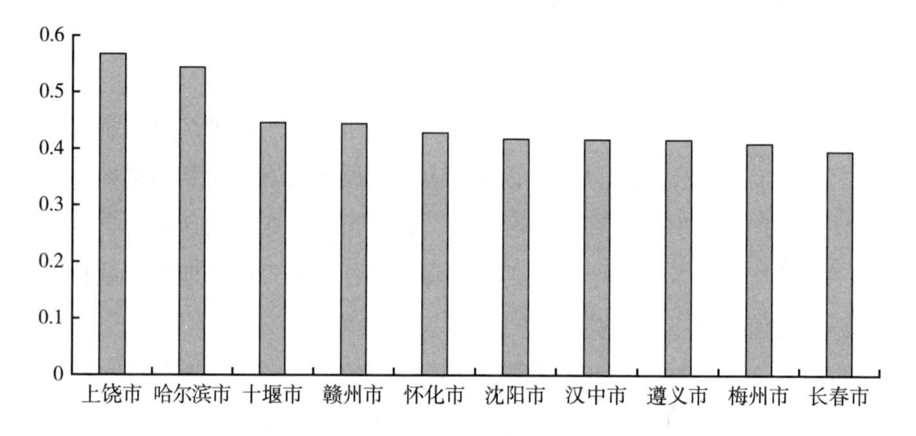

图14　农村人居环境自然系统评分前十位城市

（二）农村人居环境人与自然和谐共生关系评价

本报告构建农村人居环境协调发展指数，对农村人居环境发展中人与自然和谐共生关系作出评价，并将协调发展指数从高到低依次划分为6个等级，分别为优质协调、中度协调、基本协调、濒临失调、轻度失调和严重失调（见表1）。

表1　中国农村人居环境协调发展指数等级划分

判别标准	0. 000~0. 299	0. 300~0. 399	0. 400~0. 499	0. 500~0. 599	0. 600~0. 699	0. 700~1. 000
协调状态	严重失调	轻度失调	濒临失调	基本协调	中度协调	优质协调

31个省份和95个抽样城市农村人居环境大多处于协调发展状态，但从平均水平看整体发展程度仍然偏低。协调发展指数与自然系统发展水平呈正向关联关系，中部和东北等自然系统发展水平高的地区省市尺度下协调发展水平处于相对领先地位。省级尺度下，中部和东北地区省份协调发展指数平均值达到了优质协调区间，而东部和西部地区省份协调发展指数平均值仍然

处于中度协调区间。从变化趋势看，四大区域抽样城市协调发展指数平均值全部呈现上升态势，省级层面除东部地区以外，其余三大区域省份协调发展指数均有所提高。

省级尺度下，31 个省份农村人居环境协调发展指数平均值为 0. 663，黑龙江以 0. 794 的评分居首位，协调发展指数排名前十的省份分别为黑龙江、广东、安徽、山东、四川、河南、江苏、江西、辽宁和湖南（见图 15）。农村人居环境人与自然协调发展水平处于优质协调状态的省份有 12 个，处于中度协调状态的省份有 13 个，处于基本协调状态的省份有 4 个，处于濒临失调状态的省份有 2 个。分区域来看，东部、中部、西部和东北地区省份农村人居环境协调发展指数平均值分别为 0. 659、0. 713、0. 624、0. 739。

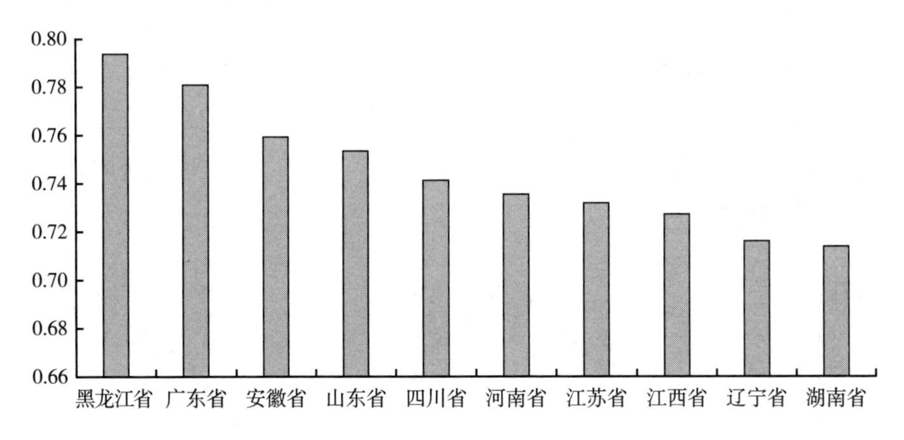

图 15　农村人居环境协调发展指数排名前十省份

市级尺度下，95 个抽样城市农村人居环境协调发展指数平均值为 0. 630，上饶以 0. 781 的评分排在首位，评分排名前十的城市分别为上饶、哈尔滨、沈阳、十堰、赣州、宁德、南昌、太原、梅州和宿州（见图 16）。农村人居环境协调发展水平处于优质协调状态的城市有 18 个，处于中度协调状态的城市有 43 个，处于基本协调状态的城市有 32 个，处于濒临失调状态的城市有 2 个。分区域来看，东部、中部、西部和东北地区抽样城市农村人居环境协调发展指数平均值分别为 0. 629、0. 664、0. 592、0. 663。

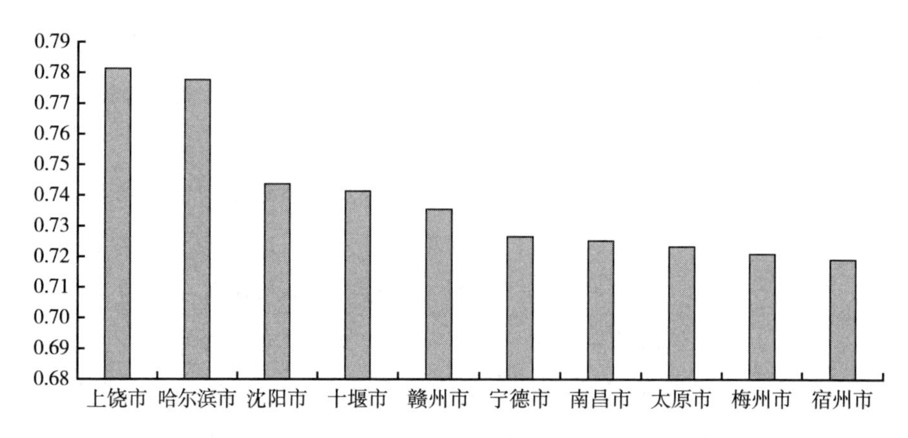

图 16　农村人居环境协调发展指数排名前十城市

省级尺度下，东部、中部、西部、东北地区省份农村人居环境自然系统评分平均值分别为 0.265、0.372、0.259、0.441，对应的协调发展指数平均值分别为 0.659，0.713、0.624、0.739。从省市两级尺度下的农村人居环境自然系统-协调发展指数关系图可以看出，二者之间呈现显著的正向对应关系（见图 17）。

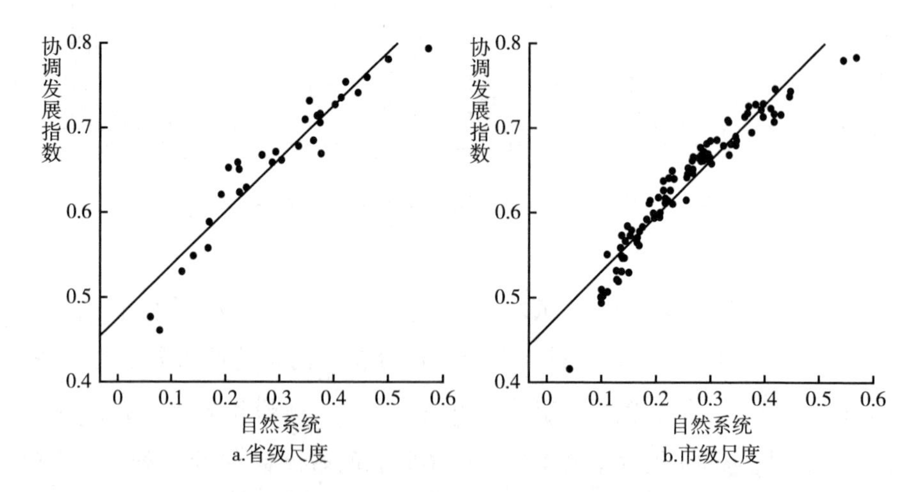

图 17　省市尺度下自然系统-协调发展指数关系

说明：横轴和纵轴分别表示自然系统发展水平和协调发展指数水平，从横轴上看，越靠近原点，自然系统发展水平越低，反之则越高；从纵轴上看，越靠近原点，协调发展指数水平越低，反之则越高。

江苏省常熟市沙家浜镇依托生态资源打造江南鱼米之乡

沙家浜镇位于江苏省常熟市，总面积65平方公里，下设13个村、2个社区，总人口约8万人。沙家浜镇利用江南水乡生态禀赋优势，大力开展农村人居环境治理，利用生态资源发展旅游产业、生态种养业，建设美丽宜居江南水乡。沙家浜镇先后被评为全国文明镇、中国历史文化名镇等，获得中国人居环境范例奖和联合国人居署“迪拜国际改善居住环境最佳范例奖”全球百佳范例称号。

一、大力开展农村人居环境治理

沙家浜镇践行“以人为本、人水和谐”的理念，深入落实河湖长制度，结合“常熟市村庄人居环境专项行动”，通过河道清淤、截污纳管、景观提升、养护保洁等措施，推进生态美丽河湖建设。开展“拉网式”排查乱搭乱建、危旧房屋，拆除一处、整治一处、美化一处、净化一处，将违法建设治理和乡村振兴有机结合，持续改善村容村貌。持续5年实施“千村美居”工程，推行人居环境长效治理“五治融合”模式，在全镇推行美丽庭院、美丽菜园、美丽家园、美丽果园、美丽田园、美丽村景建设，以家庭“小美”推动村庄“大美”，打造整洁、有序、文明、优美的人居环境，推进宜居宜业和美乡村建设。

二、依托生态资源发展乡村旅游

沙家浜镇依托红色资源和生态资源，以红色文化、民宿文化、绿色生态等旅游资源为支点，开展片区化、组团式建设，做大做强乡村旅游产业，将沙家浜风景区打造成为全国爱国主义教育示范基地、全国百家红色旅游经典景区和国家AAAAA级旅游景区。沙家浜镇发展节日经济，举办沙家浜旅游节、阳澄湖大闸蟹美食节、阿庆嫂民俗风情旅游节等一系列节日活动，增强乡村旅游产业活力。

三、水产养殖生态转型

作为典型的江南水乡，沙家浜镇水域面积宽广，水产养殖业规模大，但因此产生的水域污染问题突出。为解决围网养殖对河湖生态环境的污染问题，沙家浜镇转变渔民水产养殖模式，把“千村美居”和“退渔还湖”相结合，同步推进渔民上岸与高效农业发展，对1.89万亩养殖池塘开展专项整治，完成退塘清租2100亩，生态化改造鱼塘1.68万亩，推动“生计渔业”向“生态渔业”转变，提升养殖区域整体风貌。

附录

一 农村人居环境发展水平评价指标体系

（一）内涵解析与研究框架

吴良镛先生将人居环境定义为“人类聚居生活的地方，人类利用自然改造自然的主要场所，是人类在大自然中赖以生存的基础”。人居环境科学的研究对象包括乡村、集镇、城市等在内的所有人类聚落，着重研究人与环境之间的相互关系。吴良镛在强调把人类聚落作为一个整体开展研究的同时，借鉴道氏“人类聚居学”将人类聚落的构成划分为自然、人类、社会、居住、支撑五大系统。自然系统奠定农村居民生活的物质基础；人类系统与社会系统是农村软环境的总和，关乎人的个体发展以及聚落成员所组成的集体发展；居住系统与支撑系统是农村硬环境的主体，是人类以生存和生活为目的对自然进行改造与建设的结果。农村人居环境发展评估框架主要从这五个方面展开。

实现人与自然和谐共生是习近平生态文明思想的重要主题。习近平总书记指出，必须敬畏自然、尊重自然、顺应自然、保护自然，始终站在人与自然和谐共生的高度来谋划经济社会发展[①]。本报告将农村人居环境看作人类改造、利用与保护自然环境的结果，人类与自然发生交互作用的体现。本报告利用人地关系地域系统理论构建农村人居环境协调发展指数，反映我国农村人居环境治理过程中人与自然和谐共生发展水平。

1. 评价对象及目标

评价对象：本报告从省、市两个尺度对农村人居环境做出评价，选择除香港、澳门和台湾以外的 31 个省（区、市）作为省级尺度评价对象。同时，

① 《深入学习贯彻习近平生态文明思想》，中华人民共和国教育部门户网站，http：//www.moe.gov.cn/s78/A01/s4561/jgfwzx_ xxtd/202208/t20220819_ 654003.html。

将经济发展水平作为选择评价对象的主要依据，兼顾地理位置、地形地貌、风俗习惯等因素，在省级行政区域内分别选择省会以及除省会外 GDP 排名靠前、中等和靠后的 3 个地级行政区作为评价对象①。基于统计口径的一致性和数据可得性，本报告共选择除北京、天津、上海、重庆和香港、澳门、台湾以外的 27 个省（区）的 95 个市（州、盟）作为市级尺度评价对象。

评价目标：本报告从自然、人类、社会、居住、支撑等五个系统入手对农村人居环境发展水平及人与自然和谐共生关系进行评价，从各系统的功能出发，综合考虑数据的可得性以及数据间的关联度，既考虑五个系统各自的质量和发展水平，也关注各系统间的互补和协调，以人类系统、社会系统、居住系统和支撑系统反映农村人居环境发展水平，以农村人居环境发展水平与自然系统二者之间的耦合协调度反映农村人居环境发展过程中人与自然的和谐共生关系。一方面从当前发展阶段实际出发，对我国农村人居环境发展情况进行评价；另一方面从反映人与自然和谐相处的角度对农村人居环境协调发展程度做出分析评价。

2. 指标选择原则

导向性原则。指标体系设置充分体现中国农村人居环境实际发展水平，综合、全面、客观地衡量中国农村人居环境质量，同时体现本报告对农村人居环境发展的实践主张。

系统性原则。指标体系系统考察和客观评价中国农村人居环境发展水平，从综合评价的角度对中国农村人居环境发展质量做系统性描述。评价指标体系是一个有机统一的系统，可综合反映农村人居环境的多维发展特征。

独立性原则。指标设置尽量保持同级指标之间的相互独立性，即指标之间没有显著的相关关系，同时能够反映不同问题或同一问题的不同方面。

可操作性原则。指标设置力求简单、适用，充分考虑数据采集的可行

① 海南省选择海口市、三亚市、儋州市，西藏自治区选择拉萨市，青海省选择西宁市，宁夏回族自治区选择银川市，新疆维吾尔自治区选择乌鲁木齐市作为评价对象。

性、时间成本、经济成本以及持续采集的可能性，并与国家现有统计指标体系有效衔接。

3. 评价指标说明

中国农村人居环境发展水平评估框架包含自然系统和农村人居环境发展水平评价指标体系，其中，自然系统包含 1 个一级指标、3 个二级指标和 3 个三级指标。农村人居环境发展水平评价指标体系包含人类系统、社会系统、居住系统、支撑系统 4 个一级指标、11 个二级指标和 11 个三级指标（见附表 1）。

附表 1　中国农村人居环境发展水平评估框架

	一级指标	二级指标	三级指标	属性	综合权重
自然系统	自然系统	土地资源	耕地面积占比(%)(1/3)	正	1/3
		生物资源	自然保护区数量(个)(1/3)	正	1/3
		水资源	水资源总量(亿立方米)(1/3)	正	1/3
农村人居环境发展水平	人类系统(1/4)	人类发展	人类发展指数(HDI)(1)	正	1/4
	社会系统(1/4)	医疗资源	农村居民每万人医疗卫生机构床位数(张)(1/3)	正	1/12
		社会公平	农村居民最低生活保障救助标准与当地农村居民人均生活消费支出比(1/3)	正	1/12
		城乡关系	城乡居民可支配收入比(1/3)	逆	1/12
	居住系统(1/4)	舒适性	农村居民人均住房面积(平方米)(1/3)	正	1/12
		方便性	农村卫生厕所普及率(%)(1/3)	正	1/12
		经济性	农村居民年人均居住支出占生活消费支出比重与全国平均水平之比(1/3)	逆	1/12
	支撑系统(1/4)	公共服务设施	公共服务设施水平指数(1/4)	正	1/16
		能源	农村居民年人均用电量(千瓦时)(1/4)	正	1/16
		通信	行政村宽带通达率(%)(1/4)	正	1/16
		交通	行政区农村公路密度(公里/公里^2)(1/4)	正	1/16

（1）自然系统。农村居民生活空间与农业生产环境交织，人的生产生活行为必定会与环境产生交互作用。大自然是人居环境的基础，人的生产生活以及具体的人居环境建设活动都离不开更为广阔的自然背景。本报告选择自

然系统中重要的基础性的土地资源保护与利用、生物多样性与自然环境保护以及水资源利用三个方面，以土地资源、生物资源和水资源作为衡量自然系统的指标。考虑到农村人居环境自然系统是从人与自然的关系角度出发的，最终选择以行政区耕地面积占比（耕地总面积除以行政区总面积）代表土地资源，以水资源总量①代表水资源，以自然保护区②数量代表生物资源。

（2）人类系统。农村人居环境是农村中人与人共处的居住环境，其核心是村落里的居民，人类系统侧重于对物质需求与人的生理心理、行为等有关机制原理、理论的分析。农村人居环境建设成效在人身上体现为人类福祉不断增加，也即“人类发展”。在测评人类福祉方面，我们主张以人类发展指数（HDI）来进行测度。

联合国开发计划署（UNDP）在《1990 年人类发展报告》中提出了人类发展指数的概念。人类发展是一个不断扩大人们选择权的过程，而拥有健康长寿、良好教育和体面生活的权利则是其中最重要的几个方面。UNDP 主张从收入、教育、健康三个维度，对各国的人类发展情况进行衡量。具体而言，以“出生时预期寿命”为指标构建预期寿命指数，以“平均受教育年限”和“预期受教育年限”为指标构建教育指数，以“人均国民收入”为指标构建收入指数，而人类发展指数即由这三项指数共同组成。尽管人类发展指数包含的指标数量较少，但突破了以往仅聚焦收入这个单一维度，从多角度理解发展这一理念。因此，本报告选择以人类发展指数衡量农村人居环境人类系统发展水平。

（3）社会系统。结合人类住区可持续发展目标，农村人居环境社会系统评价侧重于从社会公平、包容视角出发，从医疗资源、社会公平、城乡关系三个方面对社会系统进行评价。社会保障是农村社会环境中十分重要的组

① 一定区域内的水资源总量指当地降水形成的地表和地下产水量，即地表径流量与降水入渗补给量之和，不包括过境水量。

② 自然保护区指对有代表性的自然生态系统、珍稀濒危野生动植物物种的天然分布区，水源涵养区，有特殊意义的自然历史遗迹等保护对象所在的陆地、陆地水体或海域，依法划出一定面积进行特殊保护和管理的区域。以县及县以上各级人民政府正式批准建立的自然保护区为准。

成部分，它能调节贫富差距、维持社会公平。村落内所有居民能够维持最基本的生活水平是良好农村人居环境的题中应有之义，是否建立起覆盖广大农村的完善的社会保障体系也是衡量中国社会制度是否健全的重要指标之一。本报告以农村居民每万人医疗卫生机构床位数（医疗卫生机构床位总数除以农村常住人口数量）指标反映医疗卫生保障水平；以农村居民最低生活保障救助标准与当地农村居民人均生活消费支出比指标反映社会保障对农村边缘群体的包容度，即社会公平。良好的城乡关系是农村人居环境的重要方面，本报告以城乡居民可支配收入比指标衡量城乡关系和城乡居民享受经济发展成果的公平程度。

（4）居住系统。依据“人人享有适当、安全和负担得起的住房和基本服务”这一可持续发展目标的要求，农村人居环境居住系统评价围绕住房展开，强调住房的舒适性、方便性和经济性。舒适性指农村住房基本功能齐全，满足生活、生产和文化等多种家居活动的要求，具备舒适居住的基础条件。中国农村农民住房基本为自建房，无统一建设标准，为满足更多家庭人口的多样化需求，大多数家庭会在自己能力范围内尽可能建造最大面积的住房，因此将农村居民人均住房面积作为（居住）舒适性的指标。农村卫生厕所普及率则体现居住配套设施水平和居民生活便利的程度，将其作为方便性的指标。经济性与当地农村居民人均可支配收入和消费能力挂钩，用地区农村居民年人均居住支出占生活消费支出比重与全国平均水平的比值作为衡量不同区域农村居民居住负担差异的指标。

（5）支撑系统。支撑系统是指为人类活动提供支持、服务聚落并将聚落连为整体的所有人工和自然的联系系统、技术保障系统，主要指人类住区的基础设施。结合人类住区可持续发展目标，农村人居环境支撑系统评价侧重于农村公共基础设施的完善程度。农村公共基础设施包括农村水电路气信以及公共人居环境、公共管理、公共服务等设施①。本报告从公共服务设施、通信、能源和交通四个方面对农村人居环境支撑系统发展水平展开评

① 《关于深化农村公共基础设施管护体制改革的指导意见》，发改农经〔2019〕1645号。

价。农村自来水普及率、农村生活垃圾治理率①和农村生活污水治理率②三项指标构成农村人居环境公共服务设施水平指数，农村居民年人均用电量（农村用电量除以农村常住人口数量）指标反映农村能源供应和消费水平，行政区农村公路密度（农村公路总里程除以行政区总面积）指标反映农村内部交通质量，行政村宽带通达率指标反映农村通信水平。

（二）数据处理及说明

1. 数据来源与说明

根据农村人居环境发展水平评价指标体系，依照数据可靠性和精确性的原则，本文指标数据主要来自统计年鉴等渠道，指标主要采用2021年数据。具体来源包括2022年中国统计年鉴，2022年各省（区、市）统计年鉴，2022年各市（州、盟）统计年鉴、统计公报、地方志和调查统计年鉴，2021年各省（区、市）水资源公报，2022年中国城乡建设统计年鉴，2022年中国城市统计年鉴，各市（州、盟）2021年政府工作报告、统计公报，政府各行业主管部门统计公报、工作简报、工作新闻、动态发布和包括政府、人大、政协等机构在内的官方网站公布的相关数据。自然系统中，自然保护区数据包括国家级、省级、市级和县级自然保护区，数据来源为2017年全国自然保护区名录。水资源总量主要来自各省（区、市）2021年水资源公报。人类系统中，人类发展指数采用《中国人类发展报告特别版》中公布的2016年各省（区、市）、市（州、盟）HDI。社会系统中，各相关数据均来自统计年鉴，其中农村低保标准采用2021年末数据，由于各省（区、市）农村低保标准每年调整且调整时点不一致，本

① 根据住房和城乡建设部等十部门出台的《农村生活垃圾治理验收办法》，农村生活垃圾治理验收标准为“五有”标准，即有完备的设施设备、成熟的治理技术、稳定的保洁队伍、完善的监管制度、长效的资金保障。农村生活垃圾治理率一般来说指农村生活垃圾得到有效治理的行政村占该地区行政村总数的比例。具体以各地官方直接公布的数据为准。

② 农村生活污水治理率是指一个地区内完成生活污水治理的自然村（行政村）数量占该地区内自然村（行政村）总数的比例。自然村内一定比例以上农户的生活污水得到处理或有效管控，可视为该自然村生活污水基本完成治理，该比例在不同地区存在一定差异，具体治理率以各地官方直接公布的数据为准。

报告以2021年末数据为准，同时若在同一个地区中分为不同等级，则取各个等级的算术平均值。居住系统中，农村人均住房面积以统计年鉴中住户调查数据为主，农村居民人均住房面积主要指农村居民人均住房建筑面积，个别地区以该地区住户调查中公布的唯一代表居住面积的农村居民人均住房面积指标或农村居民人均用房面积指标代替。支撑系统中，农村人居环境公共服务设施水平由农村自来水普及率、农村生活垃圾治理率和农村生活污水治理率三者标准化后的几何平均值构成。

$$公共服务设施水平指数 = (农村自来水普及率 \times 农村生活垃圾治理率 \times 农村生活污水治理率)^{\frac{1}{3}}$$

基于数据可得性，构成农村公共服务设施水平指数的农村生活垃圾治理率、农村生活污水治理率以及居住系统中的农村卫生厕所普及率主要采用2020年数据。行政区农村公路密度为农村公路总里程与行政区面积比值，根据交通运输部对公路等级划分的规定，农村公路由县道、乡道和村道构成①，本文农村公路数据来自各市（州、盟）直接公布的数据或统计资料中县乡村道数据的加总。

2. 数据处理

（1）数据标准化。对由M个评价尺度单元、N项指标构成的截面数据进行标准化：

正向指标：

$$X'_{ij} = X_{ij}/X_{ij(\max)} \tag{1.1}$$

逆向指标：

$$X'_{ij} = X_{ij(\min)}/X_{ij} \tag{1.2}$$

其中，X_{ij} 为第 i 个评价单元第 j 项指标的值，X'_{ij} 为标准化之后的值，$X_{ij(\max)}$ 为所有单元第 j 项指标数据的最大值，$X_{ij(\min)}$ 为所有单元中第 j 项指标数据的最小值。

① 《农村公路建设管理办法》，中华人民共和国交通运输部令2018年第4号。

（2）指标赋权。本报告从人居环境相关理论基础出发，结合农村人居环境治理工作实践，认为农村人居环境五个系统对于农村人居环境发展具有同等重要的作用，采用平均赋权法进行指标赋权，并最终形成三级指标综合权重，农村人居环境发展水平由各个具体指标经过逐级加权合成。

（3）协调发展指数计算。

$$C_n = \left\{ \frac{f(U_1)\ f(U_2)\ ,\cdots, f(U_n)}{\left[\frac{f(U_1)\ + f(U_2)\ + \cdots + f(U_n)}{n} \right]^n} \right\}^{\frac{1}{n}} \quad (1.3)$$

其中$f(U_1)$、$f(U_2)$、…、$f(U_n)$分别代表各个系统的综合评价效果，$C_n \in [0, 1]$，C_n值越大代表系统之间相互作用越强。

$$D = \sqrt{C \cdot T} \quad (1.4)$$

其中D代表系统间协调发展指数，$T = \alpha f(U_1) + \beta f(U_2)$，代表分系统综合评价结果，$\alpha$、$\beta$为待定系数，分别代表分系统的相对贡献重要程度，本报告取系数$\alpha = \beta = 1/2$，最终采用公式（1.5）计算协调发展指数：

$$D = \sqrt{C \cdot \frac{f(U_1) + f(U_2)}{2}} \quad (1.5)$$

二　农村人居环境发展水平综合评分

（一）31个省级行政区农村人居环境发展水平及协调发展程度评分

地区	自然系统	人类系统	社会系统	居住系统	支撑系统	农村人居环境发展水平评分	协调发展指数	协调等级
北京市	0.061	1.000	0.848	0.703	0.817	0.842	0.477	濒临失调
天津市	0.223	0.951	0.846	0.731	0.865	0.848	0.659	中度协调
河北省	0.293	0.818	0.557	0.712	0.692	0.695	0.672	中度协调

续表

地区	自然系统	人类系统	社会系统	居住系统	支撑系统	农村人居环境发展水平评分	协调发展指数	协调等级
山西省	0. 239	0. 832	0. 612	0. 608	0. 581	0. 658	0. 630	中度协调
内蒙古自治区	0. 303	0. 856	0. 598	0. 529	0. 555	0. 634	0. 662	中度协调
辽宁省	0. 375	0. 863	0. 649	0. 692	0. 600	0. 701	0. 716	优质协调
吉林省	0. 375	0. 851	0. 625	0. 672	0. 504	0. 663	0. 706	优质协调
黑龙江省	0. 573	0. 831	0. 644	0. 760	0. 536	0. 693	0. 794	优质协调
上海市	0. 206	0. 969	0. 929	0. 857	0. 771	0. 881	0. 653	中度协调
江苏省	0. 355	0. 890	0. 658	0. 825	0. 858	0. 808	0. 732	优质协调
浙江省	0. 225	0. 876	0. 663	0. 803	0. 838	0. 795	0. 651	中度协调
安徽省	0. 462	0. 802	0. 606	0. 771	0. 700	0. 720	0. 759	优质协调
福建省	0. 192	0. 847	0. 609	0. 857	0. 778	0. 773	0. 621	中度协调
江西省	0. 403	0. 808	0. 592	0. 757	0. 622	0. 695	0. 727	优质协调
山东省	0. 422	0. 855	0. 653	0. 757	0. 792	0. 764	0. 753	优质协调
河南省	0. 414	0. 810	0. 562	0. 755	0. 699	0. 707	0. 735	优质协调
湖北省	0. 347	0. 847	0. 573	0. 816	0. 687	0. 731	0. 710	优质协调
湖南省	0. 369	0. 837	0. 524	0. 804	0. 650	0. 704	0. 714	优质协调
广东省	0. 501	0. 874	0. 582	0. 746	0. 768	0. 743	0. 781	优质协调
广西壮族自治区	0. 286	0. 804	0. 530	0. 786	0. 515	0. 659	0. 659	中度协调
海南省	0. 169	0. 832	0. 566	0. 746	0. 698	0. 710	0. 589	中度协调
重庆市	0. 268	0. 848	0. 601	0. 776	0. 755	0. 745	0. 668	中度协调
四川省	0. 445	0. 799	0. 534	0. 772	0. 608	0. 678	0. 741	优质协调
贵州省	0. 335	0. 755	0. 491	0. 705	0. 579	0. 632	0. 678	中度协调
云南省	0. 363	0. 748	0. 502	0. 616	0. 564	0. 608	0. 685	中度协调
西藏自治区	0. 377	0. 637	0. 522	0. 592	0. 381	0. 533	0. 669	中度协调
陕西省	0. 226	0. 842	0. 545	0. 670	0. 621	0. 669	0. 624	中度协调
甘肃省	0. 168	0. 762	0. 512	0. 505	0. 520	0. 575	0. 557	基本协调
青海省	0. 079	0. 757	0. 516	0. 596	0. 425	0. 574	0. 461	濒临失调
宁夏回族自治区	0. 141	0. 823	0. 539	0. 589	0. 613	0. 641	0. 549	基本协调
新疆维吾尔自治区	0. 119	0. 814	0. 572	0. 628	0. 642	0. 664	0. 530	基本协调

（二）95个抽样城市农村人居环境发展水平及协调发展程度评分

地区	自然系统	人类系统	社会系统	居住系统	支撑系统	农村人居环境发展水平评分	协调发展指数	协调等级
石家庄市	0.221	0.900	0.440	0.625	0.578	0.636	0.612	中度协调
唐山市	0.255	0.921	0.503	0.639	0.578	0.660	0.640	中度协调
邯郸市	0.295	0.859	0.475	0.694	0.566	0.649	0.661	中度协调
秦皇岛市	0.174	0.921	0.477	0.675	0.563	0.659	0.582	基本协调
太原市	0.369	0.946	0.811	0.643	0.569	0.742	0.723	优质协调
长治市	0.165	0.864	0.508	0.572	0.456	0.600	0.561	基本协调
临汾市	0.196	0.849	0.467	0.601	0.592	0.627	0.592	基本协调
大同市	0.206	0.863	0.540	0.507	0.582	0.623	0.598	基本协调
呼和浩特市	0.225	0.974	0.556	0.689	0.501	0.680	0.625	中度协调
鄂尔多斯市	0.135	0.987	0.461	0.720	0.504	0.668	0.548	基本协调
通辽市	0.334	0.905	0.497	0.464	0.501	0.592	0.667	中度协调
锡林郭勒盟	0.126	0.948	0.477	0.544	0.363	0.583	0.521	基本协调
沈阳市	0.418	0.946	0.713	0.751	0.516	0.732	0.744	优质协调
大连市	0.291	0.971	0.723	0.671	0.571	0.734	0.680	中度协调
盘锦市	0.231	0.952	0.690	0.693	0.559	0.723	0.639	中度协调
本溪市	0.141	0.927	0.556	0.627	0.415	0.631	0.546	基本协调
长春市	0.396	0.950	0.553	0.603	0.476	0.646	0.711	优质协调
吉林市	0.168	0.947	0.501	0.596	0.599	0.661	0.577	基本协调
四平市	0.347	0.900	0.452	0.657	0.516	0.631	0.684	中度协调
通化市	0.229	0.901	0.459	0.631	0.414	0.601	0.609	中度协调
哈尔滨市	0.543	0.930	0.483	0.746	0.533	0.673	0.778	优质协调
大庆市	0.285	0.948	0.460	0.710	0.543	0.665	0.660	中度协调
牡丹江市	0.281	0.917	0.544	0.710	0.524	0.674	0.660	中度协调
伊春市	0.282	0.865	0.683	0.710	0.530	0.697	0.666	中度协调
南京市	0.146	0.998	0.673	0.818	0.676	0.791	0.583	基本协调
苏州市	0.109	1.000	0.708	0.760	0.870	0.834	0.550	基本协调
徐州市	0.333	0.933	0.586	0.809	0.645	0.743	0.705	优质协调
连云港市	0.298	0.915	0.572	0.796	0.642	0.731	0.683	中度协调
杭州市	0.228	0.971	0.680	0.780	0.655	0.772	0.648	中度协调
宁波市	0.213	0.965	0.507	0.727	0.668	0.717	0.625	中度协调

续表

地区	自然系统	人类系统	社会系统	居住系统	支撑系统	农村人居环境发展水平评分	协调发展指数	协调等级
台州市	0. 154	0. 923	0. 491	0. 762	0. 723	0. 725	0. 578	基本协调
丽水市	0. 287	0. 911	0. 522	0. 780	0. 599	0. 703	0. 670	中度协调
合肥市	0. 280	0. 934	0. 707	0. 700	0. 629	0. 743	0. 675	中度协调
芜湖市	0. 257	0. 913	0. 614	0. 654	0. 631	0. 703	0. 652	中度协调
宿州市	0. 391	0. 849	0. 532	0. 730	0. 623	0. 683	0. 719	优质协调
铜陵市	0. 194	0. 904	0. 550	0. 734	0. 457	0. 661	0. 598	基本协调
福州市	0. 203	0. 942	0. 486	0. 835	0. 594	0. 714	0. 617	中度协调
泉州市	0. 188	0. 919	0. 535	0. 841	0. 711	0. 752	0. 613	中度协调
龙岩市	0. 134	0. 921	0. 608	0. 772	0. 587	0. 722	0. 557	基本协调
宁德市	0. 395	0. 907	0. 514	0. 703	0. 694	0. 705	0. 727	优质协调
南昌市	0. 382	0. 928	0. 616	0. 775	0. 576	0. 724	0. 725	优质协调
赣州市	0. 445	0. 847	0. 507	0. 746	0. 532	0. 658	0. 735	优质协调
上饶市	0. 567	0. 849	0. 518	0. 754	0. 509	0. 657	0. 781	优质协调
萍乡市	0. 151	0. 894	0. 562	0. 734	0. 644	0. 709	0. 572	基本协调
济南市	0. 267	0. 939	0. 600	0. 689	0. 694	0. 730	0. 664	中度协调
青岛市	0. 311	0. 963	0. 605	0. 652	0. 599	0. 705	0. 684	中度协调
威海市	0. 232	0. 958	0. 555	0. 737	0. 614	0. 716	0. 639	中度协调
日照市	0. 265	0. 917	0. 598	0. 694	0. 650	0. 715	0. 660	中度协调
郑州市	0. 186	0. 930	0. 646	0. 728	0. 667	0. 743	0. 610	中度协调
洛阳市	0. 266	0. 900	0. 458	0. 677	0. 590	0. 656	0. 646	中度协调
信阳市	0. 336	0. 857	0. 455	0. 643	0. 576	0. 633	0. 679	中度协调
濮阳市	0. 346	0. 871	0. 416	0. 611	0. 545	0. 611	0. 678	中度协调
武汉市	0. 221	0. 974	0. 669	0. 721	0. 666	0. 757	0. 640	中度协调
襄阳市	0. 362	0. 921	0. 510	0. 732	0. 665	0. 707	0. 711	优质协调
十堰市	0. 446	0. 894	0. 523	0. 790	0. 500	0. 677	0. 741	优质协调
恩施土家族苗族自治州	0. 215	0. 839	0. 428	0. 771	0. 544	0. 645	0. 610	中度协调
长沙市	0. 212	0. 978	0. 648	0. 812	0. 654	0. 773	0. 636	中度协调
岳阳市	0. 294	0. 910	0. 517	0. 700	0. 565	0. 673	0. 667	中度协调
郴州市	0. 292	0. 903	0. 430	0. 749	0. 543	0. 656	0. 661	中度协调
怀化市	0. 429	0. 875	0. 440	0. 636	0. 467	0. 604	0. 713	优质协调

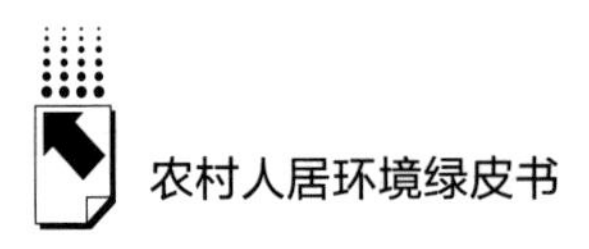

续表

地区	自然系统	人类系统	社会系统	居住系统	支撑系统	农村人居环境发展水平评分	协调发展指数	协调等级
广州市	0.136	0.983	0.697	0.728	0.750	0.790	0.572	基本协调
惠州市	0.277	0.921	0.553	0.697	0.613	0.696	0.663	中度协调
茂名市	0.367	0.903	0.539	0.802	0.610	0.713	0.716	优质协调
梅州市	0.410	0.853	0.508	0.693	0.583	0.659	0.721	优质协调
南宁市	0.266	0.909	0.522	0.744	0.494	0.667	0.649	中度协调
柳州市	0.296	0.903	0.533	0.708	0.475	0.655	0.664	中度协调
贵港市	0.161	0.838	0.546	0.699	0.508	0.648	0.568	基本协调
防城港市	0.165	0.935	0.470	0.701	0.433	0.635	0.569	基本协调
海口市	0.142	0.941	0.527	0.711	0.703	0.721	0.565	基本协调
三亚市	0.100	0.904	0.516	0.682	0.587	0.672	0.509	基本协调
儋州市	0.137	0.881	0.488	0.683	0.557	0.652	0.546	基本协调
成都市	0.331	0.936	0.658	0.738	0.684	0.754	0.707	优质协调
绵阳市	0.323	0.861	0.448	0.711	0.585	0.651	0.677	中度协调
乐山市	0.256	0.877	0.460	0.726	0.624	0.672	0.644	中度协调
广元市	0.346	0.826	0.469	0.707	0.591	0.648	0.688	中度协调
贵阳市	0.182	0.894	0.508	0.724	0.554	0.670	0.591	基本协调
遵义市	0.416	0.840	0.406	0.688	0.569	0.626	0.714	优质协调
六盘水市	0.206	0.847	0.426	0.674	0.470	0.604	0.594	基本协调
黔东南苗族侗族自治州	0.254	0.813	0.356	0.589	0.481	0.559	0.614	中度协调
昆明市	0.195	0.876	0.509	0.641	0.515	0.635	0.593	基本协调
曲靖市	0.375	0.810	0.409	0.661	0.581	0.615	0.693	中度协调
文山壮族苗族自治州	0.301	0.775	0.457	0.689	0.544	0.616	0.656	中度协调
西双版纳傣族自治州	0.168	0.820	0.422	0.656	0.441	0.585	0.560	基本协调
拉萨市	0.135	0.851	0.475	0.629	0.376	0.583	0.530	基本协调
西安市	0.215	0.941	0.507	0.676	0.549	0.668	0.616	中度协调
榆林市	0.164	0.924	0.438	0.667	0.440	0.617	0.564	基本协调
延安市	0.110	0.894	0.386	0.599	0.502	0.595	0.506	基本协调
汉中市	0.417	0.874	0.431	0.538	0.533	0.594	0.705	优质协调

续表

地区	自然系统	人类系统	社会系统	居住系统	支撑系统	农村人居环境发展水平评分	协调发展指数	协调等级
兰州市	0.101	0.897	0.529	0.600	0.456	0.620	0.501	基本协调
庆阳市	0.130	0.831	0.421	0.495	0.480	0.557	0.518	基本协调
张掖市	0.098	0.834	0.492	0.624	0.455	0.601	0.493	濒临失调
甘南藏族自治州	0.149	0.762	0.510	0.485	0.345	0.526	0.529	基本协调
西宁市	0.126	0.865	0.553	0.655	0.458	0.633	0.531	基本协调
银川市	0.098	0.910	0.488	0.654	0.507	0.640	0.500	基本协调
乌鲁木齐市	0.041	0.952	0.894	0.622	0.444	0.728	0.415	濒临失调

G.2

中国农村人居环境发展成就与展望

课题组 *

摘　要： 2022年是我国《农村人居环境整治提升五年行动方案（2021-2025年）》的落地之年，本文总结梳理2022年中国农村人居环境整治提升的主要进展，深入学习浙江“千万工程”在工作机制、长远规划、资源配置、精准施策、制度建设等方面的经验，以推广应用“千万工程”经验的视角分析我国农村人居环境发展的基础条件、发展阶段以及面临的困难问题，并对农村人居环境发展进行前景展望。

关键词： 农村人居环境　“千万工程”　长效治理

一　2022年中国农村人居环境主要进展

2022年是实施“十四五”规划承上启下的重要之年，也是乡村振兴全面展开的关键之年。2022年12月，习近平总书记在中央农村工作会议上强调，农村现代化是建设农业强国的内在要求和必要条件，建设宜居宜业和美乡村是农业强国的题中应有之义。这一年，党和政府保持对农业农村发展的高度重视，稳扎稳打，持续改善农村人居环境。

---

* 课题组主要成员：王登山、张鸣鸣、龙燕、徐彦胜、刘建艺、杨伟、刘钰聪。本报告主要执笔人：张鸣鸣、刘建艺。张鸣鸣，博士，农业农村部成都沼气科学研究所研究员、首席科学家，主要研究方向为农村公共产品理论、农村人居环境治理政策；刘建艺，农业农村部成都沼气科学研究所助理研究员，主要研究方向为农村与区域发展。

（一）实施农村人居环境整治提升五年行动

《农村人居环境整治提升五年行动方案（2021-2025年）》于2021年12月印发，2022年各地采取行动将农村人居环境整治提升五年行动落地。规划先行，谋定后动，各省结合自身实际和浙江“千万工程”经验，制定并发布了省级农村人居环境整治提升五年行动实施意见，细化年度重点任务，逐项推进落实。

（二）巩固改厕问题摸排整改成果

2021年起，农业农村部、国家乡村振兴局组织开展全国农村户厕问题摸排整改，2022年又采取一系列举措巩固改厕问题摸排整改成果。

1. 摸排整改“回头看”

2022年3月，农业农村部、国家乡村振兴局部署开展摸排整改“回头看”，要求各地在2021年摸排整改的基础上，再次进行拉网式排查，深入推进“回头看”，确保摸排整改质量和效果。农业农村部、国家乡村振兴局多次以“四不两直”① 的方式，对地方改厕和摸排整改情况进行调研，并针对调研发现的问题，向问题突出的省份发出整改通知单。

2. 常态化开展改厕技术服务和问题排查

2022年是专家服务团赴各地开展农村改厕技术服务的第四年。专家服务团分赴中西部22个省份和新疆生产建设兵团开展改厕技术服务，帮助地方提高摸排整改质量，指导地方科学选择技术模式。专家服务团通过入户考察、调研问卷和座谈问答等形式了解各省份、区县市农村改厕技术方案、奖补政策和实施情况，并给出改善建议；通过互动交流，解决一线管理人员和从业人员的技术困惑；通过召开视频会、现场会，对服务省份各级改厕工作相关单位和技术人员开展培训。

3. 组织开展寒旱地区农村改厕关键技术产品研发与集成示范

随着农村改厕进程的推进，在国家重点研发计划、地方性科技计划等项

① “四不两直”即不发通知、不打招呼、不听汇报、不用陪同接待，直奔基层、直插现场。

目的支持下，越来越多的科研工作者投入农村改厕技术研究中，重点开展干旱寒冷地区卫生厕所适用技术产品的研发与应用，加快破解技术难题，提高整改方案可靠性。

（三）统筹推进农村生活污水垃圾治理

1. 稳步推进农村生活污水治理目标

2022 年全国农村生活污水治理率在 31%左右，较 2020 年提升约 5.5 个百分点。为进一步对农村生活污水治理进行目标管理，生态环境部联合财政部、农业农村部、国家乡村振兴局印发《农村环境整治成效评估工作方案（修订）》，明确农村生活污水垃圾治理等评估标准要求，其中农村生活污水治理率指标要求为“≥60%”。

2. 分区分类推进农村生活污水治理

2022 年的中央一号文件提出，分区分类推进农村生活污水治理，优先治理人口集中村庄，人口不够集中的、不适宜集中处理的村庄，则推进小型化、生态化治理和污水资源化利用①。对于存量集中式污水处理设施，生态环境部组织各地开展设施运行情况排查，以提升其正常运行率。2022 年，生态环境部联合财政部遴选有基础、有条件的地区开展农村黑臭水体治理试点，并于 2022 年 12 月印发《农村生活污水和黑臭水体治理示范案例》，推荐了一批典型治理模式和长效管护机制。

3. 健全农村生活垃圾收运处置体系

2022 年 5 月，住房和城乡建设部联合农业农村部等五部门印发《关于进一步加强农村生活垃圾收运处置体系建设管理的通知》，明确“各地要以县（市、区、旗）为单元，根据镇村分布、政府财力、人口规模、交通条件、运输距离等因素，科学合理确定农村生活垃圾收运处置体系建设模式”。截至 2022 年，全国农村生活垃圾进行收运处理的自然村比例稳定保持

---

① 《中共中央　国务院关于做好 2022 年全面推进乡村振兴重点工作的意见》，新华社北京，2022 年 2 月 22 日。

在90%以上。

4. 推动垃圾分类减量与资源化处理利用

2022年，农业农村部、国家乡村振兴局遴选了4种农村有机废弃物资源化利用典型技术模式和7个典型案例，供各地参考借鉴。一些地区已经开始实施垃圾分类计划，鼓励农村居民将垃圾分为可回收、有害、厨余和其他类别，这有助于有效地减少垃圾数量和资源浪费。

专栏1　湖北十堰郧西生活垃圾“两类四分法”应用成效

湖北十堰郧西的沙沟村，地处鄂陕边界、秦巴山深处。该村应用“两类四分法”，成功使垃圾源头减量50%以上，可回收物回收率达90%以上，年堆肥20万吨左右。“两类”指村民按照干、湿两类对自家生活垃圾进行初次分类，此两类垃圾由清运员上门回收后运往村垃圾处理中心，再按照“能埋的”“能卖的”“能烧的”“有害的”四种类型细分。“能埋的”为可腐烂垃圾，占村民家庭生活垃圾总量的60%以上，这些垃圾会统一清运到堆肥房发酵还田；“能卖的”为可回收垃圾，通过回收变废为宝；“能烧的”为其他生活垃圾，实行无害化焚烧处理；“有害的”为废弃电池、荧光灯等垃圾，需送往专业机构处理。通过“两类四分法”，沙沟村不仅促成垃圾分类落地见效，还实现了垃圾处理资源化、减量化、无毒化。

资料来源：《湖北郧西：创新垃圾分类助力美丽乡村建设》，https：//www.chinanews.com.cn/m/sh/2023/02-17/9955365.shtml。

5. 统筹推进生活垃圾、污水处理设施建设

住房和城乡建设部、国家开发银行印发《关于推进开发性金融支持县域生活垃圾污水处理设施建设的通知》，支持行业或区域统筹整合工程建设项目。按行业整合的项目包括：县域生活垃圾“分类+收集+转运+处理+监测系统”项目、县域生活污水“源头截污+管网收集+污水处理+生态修复+

监测系统”项目。按区域整合的项目包括：以省级统筹、地市级统筹或县级统筹方式，覆盖城乡的生活垃圾和污水治理项目。

（四）持续开展村庄清洁行动

1. 村庄清洁行动效果显著

从 2018 年印发《农村人居环境整治村庄清洁行动方案》以来，全国 95%以上的村庄开展了清洁行动，14 万个村庄得到绿化美化，村容村貌焕然一新[①]。2023 年 3 月，农业农村部、国家乡村振兴局对 2022 年度全国 94 个措施有力、成效突出、群众满意的村庄清洁行动先进县予以通报表扬。

2. 行动内涵进一步拓展深化

现今，村庄清洁行动与爱国卫生运动、美丽宜居村庄创建示范等工作相结合，其内涵已从最初的“清脏”拓展到“治乱”，再升级到“美化绿化”，对农民的改变也从“培养良好卫生习惯”发展到“精神风貌”“认知态度”的重塑。各地根据自身发展情况，因地制宜拓展内容、提高行动标准。

二　推广浙江“千万工程”经验，扎实推进农村人居环境整治提升

2003 年，习近平总书记在浙江工作时亲自谋划、亲自部署、亲自推动“千村示范、万村整治”工程（以下简称“千万工程”），从突出的垃圾问题处理起步，全面推进村内道路改建、垃圾分类、农村改厕、畜禽粪污废弃物处理、生活污水处理、河沟清淤、村庄绿化、村民卫生习惯改变和环境意识转变等有关人居环境整治的一系列基础性工作。浙江持之以恒、

① 《农业农村部　国家乡村振兴局关于通报表扬 2022 年度全国村庄清洁行动先进县的通知》，https：//nrra. gov. cn/2023/03/13/ARTI7sdt7VszxTZ9umCIo5oN230313. shtml。

锲而不舍推进，造就万千美丽乡村，造福万千农民群众。2019 年，习近平总书记就浙江“千万工程”作出重要批示，各地深入学习浙江“千万工程”经验，农村人居环境整治提升工作朝着既定目标迈进，使全国农村长期以来“脏乱差”局面得以扭转、农民群众环境卫生观念和生活质量发生可喜变化。为在有条件的地方有力有序推广浙江“千万工程”经验，2022 年以来，全国掀起了学习浙江“千万工程”经验的热潮，将推广“千万工程”经验作为贯彻新发展理念、加快城乡融合发展、建设美丽中国、扎实推进乡村振兴的关键举措。从农村人居环境整治提升目标出发，深入学习并推广应用浙江“千万工程”经验，是扎实推进农村人居环境整治提升五年行动的重要指引。

（一）工作机制：上下联动，落实责任

在浙江工作期间，习近平同志亲自制定了“千万工程”的目标要求、实施原则、投入办法，并创新建立、带头推动“四个一”工作机制：“一把手”负总责，全面落实分级负责责任制；成立一个工作协调小组，由省委副书记任组长；每年召开一次工作现场会，省委、省政府主要领导到会并部署工作；定期表彰一批先进集体和个人①。至今，“四个一”工作机制仍在发挥重要作用。20 年来，浙江省委、省政府坚持一以贯之的定力，每年都会为抓“千村示范、万村整治”工程召开高规格现场会，省委、省政府主要领导到会部署。

“四个一”工作推进机制，体现出农村人居环境高质量发展，首先，需要领导提高重视程度，需要顶层有力推动；其次，在于责任落实，需明确各级、各部门的责任；最后，要有一定的激励政策，促进各主体真抓实干。

① 胡果、李中文、刘毅等：《一张蓝图绘到底》，《人民日报》2023 年 6 月 25 日，第 1 版。

专栏 2　广东高位推动农村人居环境整治提升工作

广东省委、省政府坚持从政治和全局的高度，把农村人居环境整治提升纳入省委“1+1+9”工作部署，纳入省政府十件民生实事推进，与实施粤港澳大湾区战略、构建“一核一带一区”新发展格局一同部署、一同推动。广东成立实施乡村振兴战略领导小组，省委书记、省长分别担任组长和常务副组长，建立省级指导、地市统筹、县为主体、镇村落实的工作机制，高位推动农村人居环境整治提升工作。健全领导干部深入基层指导工作机制，省委、省人大、省政府、省政协领导班子成员以及省直单位主要负责同志定点联系 1 个地市及 1 个涉农县（市、区），实现 21 个地市 121 个涉农县（市、区）领导干部联系基层全覆盖，领导干部深入联系点检查指导农村人居环境整治提升工作年度内不少于 2 次，推动工作向纵深开展。

资料来源：《广东持续强力推进农村人居环境整治提升》，国家乡村振兴局《乡村振兴简报》，2022 年 4 月 13 日。

（二）长远规划：锚定目标，久久为功

“千万工程”是统筹当前和长远发展的典范。习近平总书记当年从战略和全局的高度来谋划推进“千万工程”，从当时农民群众反映最强烈的农村环境“脏乱差”问题入手，但没有将目标局限在环境整治上，而是将长远目标落在统筹城乡发展、推进城乡一体化，使得“千万工程”兼具落地性和前瞻性，最终实现乡村由表及里、形神兼备的全面提升。

浙江省委、省政府则坚持沿着习近平总书记擘画的“千村示范、万村整治”蓝图前进，每 5 年制订一个行动计划，每个重要阶段出台一个实施意见，每阶段都有清晰的目标任务，一步步实现浙江美丽乡村从“盆景”到“风景”再到“全景”的转变。2003～2007 年为“千万工程”示范引领阶段，选择 1 万多个建制村推进道路硬化、垃圾收集、卫生改厕、河沟清

淤、村庄绿化等。2008~2010年为整体推进阶段，整治内容拓展到村内生活污水和农房改造建设，注重农村人居条件和生态环境同步建设，三年对1.7万个村庄实施了环境综合整治，基本完成第一轮村庄整治。2011~2015年为深化提升阶段，启动实施美丽乡村建设行动计划，系统推进“四美三宜二园”[①]，开展历史文化村落保护利用工作，此阶段美丽乡村建设已取得较大成效，整县皆美的景象已经出现，5年创建了58个美丽乡村先进县。2016年以来为转型升级阶段，此阶段全力打造美丽乡村升级版，美丽乡村建设不仅注重硬件设施的规划布局，更注重乡村治理、农民环境意识、长效管护机制等方面的提升，推动美丽乡村建设从一处美向一片美、一时美向持久美、外在美向内在美、环境美向发展美、形态美向制度美转型[②]。

专栏3　北京市接续推进美丽乡村建设

北京市深入贯彻落实习近平总书记“持续发力，久久为功，不断谱写美丽中国建设的新篇章”的指示精神，把持续提升农村人居环境、建设美丽宜居乡村，作为实施乡村振兴战略的重要抓手和主要载体，持之以恒、常抓不懈。2006年，北京市推进“五项基础设施”建设和“三起来”工程，郊区农村基础设施明显改善。2014年，以“减煤换煤、清洁空气”行动、农村电网改造、农民住宅抗震节能改造等为重点的农村人居环境整治，进一步改善了农民的生产生活条件。2018年，北京市印发《实施乡村振兴战略扎实推进美丽乡村建设专项行动计划（2018~2020年）》，实施“百村示范、千村整治”工程，全面推进“清脏、治乱、增绿、控污”，全市3200多个现状村庄普遍达到了干净整洁有序的要求，

① “四美三宜二园”即规划科学布局美、村容整洁环境美、创业增收生活美、乡风文明身心美，宜居宜业宜游的农民幸福家园、市民休闲乐园。

② 《深入实施“千村示范、万村整治工程”争当乡村振兴全国排头兵》，浙江省人民政府网站，https：//zld. zjzwfw. gov. cn/art/2019/6/24/art_ 1229023610_ 42813032. html。

建成验收了美丽乡村2000余个，美丽乡村2.0版建设取得重要进展。2021年底，对标中央要求和本市实际，北京市委、市政府制定了《北京市“十四五”时期提升农村人居环境建设美丽乡村行动方案》，接续推进美丽乡村建设。

资料来源：解雯：《持续发力 久久为功 北京市接续推进美丽乡村建设》，https：//www.moa.gov.cn/xw/qg/202204/t20220419_6396761.htm。

（三）资源配置：系统思维，统筹协调

“千万工程”运用系统思维，把农村和城市作为一个整体，把山水林田湖草作为一个生命共同体，把垃圾污水治理、农村厕所改造、村容村貌打造作为一项系统工程，实现城乡统筹融合发展。

在具体落实和实施过程中，各级成立党政各部门共同参与的“千万工程”协调领导小组，在这种跨部门的协调机制运作下，“事，由相关部门干；钱，由公共财政出”，很多以前只负责城市管理的部门第一次管到了农村，建设城市的资金第一次用到了农村①，公共设施和服务均等化水平不断提高。

农村人居环境整治牵涉面广、涉及部门多，只有系统考虑、统筹协调，才能取得实效。无论是“污水革命”“垃圾革命”“厕所革命”，还是县域美丽乡村、宜居乡村建设，都需将各方面因素“打包”考虑、一体推进。

专栏4　平昌县“四个统筹”推进农村人居环境综合整治

近年来，平昌县通过因地制宜、分类施策，创新机制、持续攻坚等方式，大力推进农村人居环境综合整治，农村人居环境得到大幅改善，建成了一批宜居宜业和美乡村，老百姓可感可及可享。

① 中共中央组织部：《贯彻落实习近平新时代中国特色社会主义思想在改革发展稳定中攻坚克难案例·生态文明建设》，党建读物出版社，2019。

统筹规划整合资源。将农村人居环境整治与国土空间规划、土地利用规划、乡村建设规划等有效衔接，把生态资源、生产资源、人文资源等有机整合，统一制定项目清单、机会清单、实施清单，统一编制财政投入清单、市场引入清单、群众融入清单，集中连片、整体推进农村人居环境综合整治。

统筹项目整合资金。从源头抓起，将污水治理、垃圾处理、厕所革命和村容村貌提升等方面性质相同、内容相似、范围相近的项目进行合理统筹、资金进行有效整合，把小项目连成大项目、把小工程变成大工程，让资金使用更加科学、更加精准、更加高效，形成强大的资金合力，助推各类建设发挥最大效益。

统筹实施整合考评。把涉及农村人居环境整治的相关事项进行统筹实施，统一组织领导、统一工程布局、统一招标方式、统一技术标准，整合考评力量、统一考评标准、统一结果应用，避免重复建设和资金浪费，避免工程质量参差不齐，避免多头考核分散精力、影响工程质量。

统筹治理整合管护。统筹运维资金投入渠道，建立一套人居环境整治运维体系，充分整合各类激励政策，招引一批专业人才、培养一批本土人才，逐步建成一专多能、一人多用的综合运维团队，逐步推进系统化、专业化、社会化运行管护模式，通过以奖代补等方式，引导各方积极参与治理，确保设施运行良好、管理有序、群众受益。

资料来源：《“四个统筹”推进农村人居环境综合整治》，巴中市生态环境局网站，http：//sthjj. cnbz. gov. cn/xwdt/xqdt/22296160. html。

（四）精准施策：问需于民，问计于民

“千万工程”之所以受到欢迎，在于它真正地让群众获得好处。之所以能将事情做到农民的心坎上，是因为“千万工程”是习近平同志在脚踏实地走访调研、准确把握省情农情和民情民意的基础上，启动实施的科学决

策。对于政策效果的评价标准，习近平同志也曾指出“关键一条是看老百姓口碑”。全国农村人居环境整治要想赢得群众实实在在的口碑，首先，需要各地结合自身实际，优先解决群众最困扰的问题；其次，在建立考核评价体系时，将群众满意度纳入，以是否让群众受益作为衡量工作得失的标准。

专栏5 公众助推浙江省“五水共治”决策

2013年初，面对家乡被污染的河道，浙江温州瑞安市、苍南县分别有公众悬赏20万元、30万元邀请当地环保局局长下河游泳，引起社会广泛关注，随后，浙江省环境信访尤其是涉水污染引发的信访案件上升势头明显。面对公众对水污染的担忧和强烈不满，以及全省27个省控地表水断面为劣Ⅴ类、32.6%的断面达不到功能区要求的事实，浙江省以“重整山河”的雄心和壮士断腕的决心，打响铁腕治水攻坚战。再加上强台风“菲特”造成余姚等地严重的洪涝灾害，浙江省深刻认识到，要从根本上解决水的问题，就得把治污和防洪排涝、加强供水节水等工作统筹齐抓。2013年底，浙江省委、省政府做出了治污水、防洪水、排涝水、保供水、抓节水“五水共治”的决策部署：宁可作局部暂时的舍弃，每年以牺牲1个百分点的经济增速为代价，也要以治水为突破口，倒逼产业转型升级，决不把污泥浊水带入全面小康。

资料来源：《贯彻落实习近平新时代中国特色社会主义思想在改革发展稳定中攻坚克难案例·生态文明建设》，党建读物出版社，2019。

（五）制度建设：改革创新，与时俱进

从“千万工程”实践来看，在战略实施的不同阶段，会有新的进展、新的问题、新的需求、新的机遇，需要与时俱进更新做法，形成制度创新成果。在“千万工程”实施过程中，浙江省围绕推进城乡一体化，结合自身发展实际，推进一系列制度改革创新：最低生活保障标准城乡统筹、市域统

筹，落实被征地农民基本生活保障制度，深化农村集体产权制度改革，创新形成河长制、路长制、湖长制、田长制等项目责任制。这些体制机制的创新，推动人才、资本、技术等要素有序向农村流动，有力推动了浙江城乡基础设施和公共服务趋向弥合，探索出一条适合自身的城乡融合发展之路。

专栏6　广东省农村人居环境整治工程项目审批制度改革

广东省引入审批制度改革实现农村人居环境整治工程项目简化。广东省先后印发《广东省农村人居环境整治工程项目审批制度改革工作指导意见》（粤乡振组办〔2020〕2号）、《关于村庄建设项目施行简易审批的指导意见》（粤发改农经〔2021〕146号），从加快农村人居环境整治工程项目实施的角度，明确了优化审批流程、合并办理审批程序、简化规划选址和用地报批等规定，积极推动村庄建设项目审批权限下放至乡镇，切实减轻基层开展前期工作的压力，减少前期工作时间及工作费用，压缩审批流程和时间。同时，广东省创新乡村项目建设管理方式，广州、梅州、韶关等地以“农民工匠”管理为抓手，将项目建设管理各环节标准化，鼓励农民工匠团队承接农村小型项目。

资料来源：《广东省农业农村厅关于广东省十三届人大四次会议第1236号代表建议答复的函》，粤农农函〔2021〕516号，https：//dara. gd. gov. cn/gkmlpt/content/3/3337/mpost_ 3337567. html#1604。

三　推广浙江“千万工程”视角下对农村人居环境发展的再认识

改善农村人居环境不是一时行动，而是由若干个系统谋划、科学设计的重点任务接续形成的长远目标，关系到民生改善、关系到乡村振兴。立足新阶段，在推广浙江“千万工程”视角下深刻审视农村人居环境发展，我们认为，当前已经形成三个基础性优势，农村人居环境发展进入三个重要时期，面临六个方面的紧迫问题。

（一）和美乡村持续建设，进入查漏补缺攻坚期，面临特殊区域改厕、厕污共治难题

“千万工程”不仅是乡村人居环境整治与改善的乡村建设工程，更是一项惠民工程和民心工程。在“千万工程”孕育之时，习近平同志就高瞻远瞩地把“千万工程”定位为推动农村全面小康建设的“基础工程”、统筹城乡发展的“龙头工程”、优化农村环境的“生态工程”、造福农民群众的“民心工程”①。

从美丽乡村到和美乡村，以人民为出发点和落脚点的乡村建设内涵不断丰富，硬件上要让农民具备现代生活条件，软件上要塑造农民向善向美向好的精神风貌，生活环境改善至关重要。我国农村人居环境整治提升工作持续推进，农村居住条件不断改善，居民生活品质显著提升，卫生观念不断普及，部分有条件的地区农村居住环境已经超过城市水平，农民的幸福感、获得感持续提升。2022 年，全国 95%以上村庄开展清洁行动，农村卫生厕所普及率超过 73%，农村生活垃圾收运处置体系覆盖 90%以上行政村，农村生活污水治理率达到 31%左右②。

但是，我国幅员辽阔，各地农村资源条件、经济发展水平、风俗习惯等存在巨大差异。从整体上看，农村人居环境整治提升的成效与农民对美好生活的向往还有一定差距，西部及东北地区、边远山区、脱贫地区等农村人居环境发展水平同先发地区还有不小距离，尤其是干旱寒冷地区、喀斯特地貌区等区域，资源条件特殊、人口居住分散、经济发展水平较低，与生态环保要求高、居民习惯和观念差异大、社会组织管理能力不足等矛盾交织，普及户用卫生厕所面临着投资大、技术模式不成熟等困难。

---

① 《求是》科教编辑部、《今日浙江》杂志联合调研组：《“千万工程”造就万千美丽乡村》，《求是》2019 年第 13 期。

② 生态环境部部长黄润秋作《国务院关于 2022 年度环境状况和环境保护目标完成情况的报告》，中华人民共和国生态环境部（mee. gov. cn），2023 年 4 月 24 日。

专栏 7　高寒地区户用卫生厕所面临成本高难题

高寒地区改厕成本高主要体现在三个方面。一是工程建设单价高，以西藏自治区阿里地区革吉县为例，经初步核算，新建 1 个加大的标准阁楼式卫生厕所造价为 23571.76 元，其中砖基础、多孔砖墙的单价分别为 1952.48 元和 1400.4 元，分别达到海拔较低的山南市的 2.5 倍和 2.3 倍。而且，部分地方处于生态保护红线内，建材都需要从外地购买，成本进一步提高。此外，当地缺少有资质的施工队伍，施工人员主要来自内地也是工程造价高的重要原因。二是工程量大导致整体造价高，内地农户大多已经有厕屋，在推进厕所革命时，只需要按照标准进行改造施工，但在高寒牧区往往需要新建厕屋，工程量是改建的 2~3 倍。此外，由于天气寒冷，农牧民往往衣着较厚，按照标准修建的厕所面积较小，甚至难以转身，导致部分农牧民不愿意使用户用厕所，加大厕屋建设面积将进一步增加工程量。三是厕所粪污处理和转运成本高，高寒农牧区由于没有粪污还田条件，需要有专人负责清掏、转运和处理厕所粪污。

（二）“两山”理论深入人心，进入长治长效关键期，面临完善工作机制、加强农民参与难题

习近平总书记在浙江工作期间，对生态文明建设作了多方重要论述，重点阐释了“绿水青山”与“金山银山”之间的内在关系，而“两山”理论的提出，正是因浙江安吉县在“千万工程”的指引下引发了发展理念、发展模式的重塑。20 世纪七八十年代起，余村村民创办了水泥厂、石灰窑，经济得到发展的代价是村庄粉尘蔽日、污水横流、植被受损；2003 年，借着“千万工程”的东风，余村开始下大力气关停村里矿山和水泥厂；2005 年 8 月，习近平同志来到安吉余村考察时，得知村里关闭矿区、走绿色发展之路的做法后，称这是高明之举，“绿水青山就是金山银山”。此后，“两

山”理论让余村找到了发展方向，通过复垦复绿、治理水库、改造村容村貌，余村形成户外拓展、休闲会务、农事体验的休闲旅游产业链。

习近平生态文明思想包含着习近平总书记在浙江推进“千万工程”工作经历的认识与思考，随着“千万工程”持续推进，“两山”理论逐步成熟完善，浙江实践为习近平生态文明思想的酝酿与成熟提供了宝贵实践素材。在理论和实践的不断碰撞与发展中，最终形成了习近平生态文明思想①。

今天，习近平生态文明思想已经厚植于中华大地，在广大农村生根发芽，人与自然和谐共生的发展理念深入人心。伴随着农村人居环境设施短板不断补齐、农村污染防治攻坚战扎实有力推进，黑臭水体、堆积垃圾、畜禽粪污乱排乱放等问题得到有效管控，农村面貌实现了整体性跃升。当前是农村人居环境整治提升从阶段性行动向制度化、标准化、长效化转变的关键时期，建立健全长效管护机制不仅是巩固当前整治成果的延续，更是今后乡村环境向着更优更美不断提升的制度保障。

整体上看，我国基本形成农村人居环境建设和管护的政策制度框架，管护标准规范体系正逐步建立，“门前三包”、村规民约等制度持续发挥作用，农村人居环境长效管护机制不断健全。但农村人居环境整治提升内容复杂、服务链长，以生态文明理念为指引开展长期治理，必须要实现国家治理与社会治理有机结合，其核心在于政府和农民这两个利益主体实现协同共治。

一方面，农村人居环境整治提升涉及从中央到乡镇多层级政府、从农业农村到生态环境等十几个部门，有的环节例如跨行政区域转运处理生活垃圾等还需要地方政府之间协作推进。当前多层级政府、多职能部门的协同工作机制有待完善，职能职责职权不明晰甚至脱节、错位等问题并不鲜见，导致部分工作推进较慢、一些项目难以落地、一些设施设备建成后“晒太阳”甚至提前报废等问题，影响农村人居环境整治效果。

---

① 刘越、吴舜泽、俞海等：《深入理解习近平生态文明思想的渊源与突破》，《中国环境报》2018年6月18日，第3版。

另一方面，尽管“绿水青山就是金山银山”的理论已经深入人心，但以投资投劳为主要衡量指标的农民参与依然不足，“干部干、农民看”现象在全国各地不同程度存在。其中，固然有农民观念转变需要时间的客观因素影响，但更重要的是，农民参与制度及流程不健全，导致农民不会参与、不能参与。以村庄生活污水处理为例，从方案设计、技术模式选择，到施工过程中选址、修建设施及接入农户家庭、质量监督、投资投劳，再到竣工验收、质量评价，最后到后期设施使用维护、处理后的污水资源化利用等，涉及十多个环节，包括若干个公共设施和服务供给，哪些环节需要哪些农民以什么形式参与，急需系统性、规范性制度安排。

专栏8　四川省成都市龙泉驿区建立“院落管家”制度

四川省成都市龙泉驿区聚焦乡村治理“最后一米”，以“管家”理念细化治理网格，将乡村自然院落进行整合。选拔“四会一能”（会说、会管、会协调、会关爱他人、能吃亏）的“热心人”、“新乡贤”、老党员等为院落管家，制定院落自治公约，建立积分换物质、服务等“积分+”机制，激发村民参与村庄清洁美化工作，形成“大事一起干、好坏大家评、事事有人管”的乡村治理格局。常态化对院落安全、违章搭建等情况进行巡查，解决环境“脏乱差”等突出问题1000余项，召集院落会议引导群众参与农房改建、外立面整治、污水治理、林盘保护修复、微景观打造等项目100余个，打造形成上角院、刘家大院等一批有颜值有文化的特色院落，构建“推窗见绿、开门即景”的乡村公园场景。

（三）乡村多元价值初步显现，进入城乡共融加速期，面临财政压力加大、社会投入不足难题

“千万工程”推动了城乡一体化发展，加强了城乡之间的联系和互动。

“千万工程”历史性地改变了城市建设由政府出资、农村建设由村民和集体自筹的传统，极大地缩小了城乡基础设施和公共服务差距，促进城乡居民共享发展成果。在此基础上，“千万工程”催生了美丽经济，20年来，浙江农村发展理念深刻变革，乡村环境深刻重塑，90%以上村庄建成新时代美丽乡村，休闲度假游、绿色农产品等一大批高质量产品和服务成了农民的“钱袋子”。在城乡之间要素加速流动、产业融合发展的重要阶段，“千万工程”向世人展示了乡村的多元价值，为吸引城市人才、资金、技术等要素，推进农业农村向更高质量发展做出示范。

政府真金白银投入是全面、系统、持续提升农村人居环境治理效果的保障，加大财政投入、提高财政投资效率，是引导社会力量投资，形成多元化投资机制的关键所在。在推动高质量发展转型任务艰巨、一些地方政府面临财政紧平衡状态等复杂形势下，建立健全农村人居环境整治提升的财政投入保障制度迫在眉睫。与此同时，我国各地已经开展了一些有益探索和实践，通过政府与社会资本合作开展农村人居环境整治提升。但农村污水垃圾成分复杂，从收集储存到转运处理，再到资源化利用或达标排放，服务流程长，与农村居住分散、地形地貌多样、季节性差异大等特点交织，同城市相比，社会资本进入农村人居环境治理领域面临更多困难。当前，财政税收等支持政策不稳定不连续、土地金融等要素保障不健全、有的地方营商环境不优，这些问题都制约社会资本进一步投入农村人居环境，加剧了资金短缺的矛盾。

四　推广浙江“千万工程”视角下农村人居环境发展展望

（一）保持高位推动的战略定力，强化组织保障

“千万工程”从实施之初就建立“一把手”亲自抓、分管领导直接抓、一级抓一级、层层抓落实的领导体制。农村人居环境整治提升涉及资金、资

源、技术、人才等诸多要素，必须坚持党的全面领导，发挥高效协调各方行动、配置各类资源的制度优势，为统筹推进各领域、各地区城乡人居环境建设提供坚强有力的制度和组织保障；必须认真落实五级书记抓乡村振兴要求，把改善农村人居环境作为一把手工程，将环境整治与经济社会发展紧密结合。

为确保责任落实，需构建全方位考核监督机制。实行农村人居环境整治提升实绩考核制度，将考核结果作为对市县领导班子以及有关领导干部综合考核评价的重要依据，对开展农村人居环境整治责任到位、工作成效显著的部门和个人，以及作出突出贡献的社会帮扶主体，以适当方式予以表彰激励。

（二）站在全局长远的战略高度，谋划发展规划

各地在制定农村人居环境发展目标时，要有明确的近期规划和中长期规划。近期规划着眼于扎实推进农村人居环境整治提升五年行动，中长期规划是未来五到十年的规划，是对当地农村人居环境未来发展方向、目标和战略的总体部署。

在制定短期规划和中长期规划的过程中，首先，要正确处理农村人居环境整治提升与经济发展的关系。习近平总书记曾多次讲过“农村环境整治这个事，不管是发达地区还是欠发达地区都要搞，但标准可以有高有低”，各地在规划中要放眼农村人居环境整治的长远效益，在拓展资金来源方面下功夫，尽所能提高整治标准。其次，要正确处理当前和长远的乡村功能需求，发展规划既要考虑到当地居民目前的实际需求，又要能超前预判未来农村发展的需要，为村庄长远发展打下基础。最后，要细化实施方案并以制度保障按照既定方案持续推进，避免因部门工作调整或领导个人意志导致整治项目发生偏移。

（三）运用整体系统的战略思维，统领整治提升工作

浙江经验表明，只有把农村人居环境整治的各个方面纳入整体考虑、系

统谋划，才能增强各项工作的系统性、整体性、协同性。农村人居环境整治提升工作中，需要用系统观念统筹多个方面。

一是统筹农村公共事项，乡村治理水平直接关系到农村人居环境整治效果，农村产权制度也直接影响农民参与农村人居环境整治的意愿，所以，要综合考虑农村人居环境整治、乡村治理水平提升、农村产权制度改革等事项，使农村人居环境实现综合改善和可持续发展。

二是统筹推进重点任务，在国家开发银行开发性金融服务支持下，县域内按行业或按区域统筹整合农村生活垃圾污水工程建设项目；推进农村厕所革命与农村生活污水治理有机衔接，鼓励有条件的地区积极推动卫生厕所改建与生活污水治理一体化实施，暂时无法同步实施的应为后期实施预留空间；在有条件的区域建设沼气工程等农村有机废弃物综合处置利用设施，积极开发利用生物质能源，协同推进农村有机生活垃圾、厕所粪污、农业生产有机废弃物资源化处理利用。

三是统筹城乡基础设施和公共服务布局，加强城乡规划衔接，加快城市基础设施向乡村延伸，促进农村基础设施和基本公共服务向村覆盖、往户延伸。

四是统筹推进农业现代化和农村现代化，把农村人居环境整治提升与农业绿色发展结合起来，推进厕所粪污、畜禽粪污、生活污水等就地处理、就近利用、资源化利用，鼓励各地推广与农业生产紧密结合的堆肥、三格化粪池沼液利用、有机肥生产等粪污肥料化模式，解决好粪污排放和利用问题。

（四）锚定农村现代化的战略目标，推进乡村建设

实施乡村建设行动是党的十九届五中全会作出的重大战略部署，是推进农业农村现代化的重要抓手，而农村人居环境整治提升是推进乡村建设的重要抓手，其目的是逐步使农村基本具备现代生活条件。我国计划到 2035 年，农业农村现代化基本实现，对标农业农村现代化要求和农民群众对美好生活的向往，我国农村人居环境总体水平还不高，需要从以下几方面发力。

一是集中力量解决农村人居环境发展的区域不平衡问题。在脱贫攻坚时

期，习近平总书记曾强调“现代化建设不能留盲区死角，实现全面小康一个乡镇也不能掉队”，而现在推进农业农村现代化是全面建设社会主义现代化国家的重大任务，是解决发展不平衡不充分问题的重要举措，需要对基础设施欠账过多的中西部地区加大投入力度，从资金、技术、人才等多方面对这些区域予以支持。

二是以数字化推动农村人居环境的现代化发展。以数字化技术为导向、信息化平台为承载合力是加快推进农村人居环境治理提升的强大助力，也是实施乡村全面振兴的重要任务，更是实现农村现代化的必然要求①。

三是充分发挥农民主体作用。农业农村现代化既包括“物”的现代化，也包括“人”的现代化，还包括乡村治理体系和治理能力的现代化②。农村人居环境整治提升要在政府主导下，调动广大干部群众的积极性和创造性，动员社会力量共同参与；要充分发挥环保组织在农民参与中的带动作用，环保组织通过开展一系列的环境治理类项目，可帮助农民有组织地参与农村环境治理；要善于运用文明建设的特殊作用，通过开展星级文明户评选、志愿服务活动等形式，激发农民内生动力；要善于通过网络途径等倾听农民的声音，在乡村建设的规划、实施、监督、管护等环节都真正让农民做主，重大事项要经村民大会讨论，提高透明度。

（五）通过因地制宜的战略举措，破解发展难题

我国各地农村资源条件禀赋差异大、经济发展不平衡、农民生产生活和风俗习惯特色鲜明，需要因地制宜地制定工作推进策略。我国有的地方农村人居环境已经进入提升发展阶段，应着眼全面现代化生活条件；有的地方还处于补短板过程中，农民对公共卫生和生态安全的需求尚未满足；有的地方已经完成人居环境设施建设，但尚未形成持续投入和稳定运行的机制；有的

① 刘翀：《乡村数字化技术内核驱动人居环境治理进入新时代》，中国网信网，http：//www.cac.gov.cn/2022-03/03/c_1647914846626528.htm。

② 魏后凯：《农业农村现代化的内涵、目标和驱动机制》，《新型城镇化》2023 年第 3 期，第 25 页。

地方还存在较大的设施硬件投入缺口。因此，各地立足实际，从问题出发，制定与当地发展阶段相适应的整治提升策略对于农村人居环境发展至关重要。

制定与当地发展阶段相适应的战略举措，需要注意两个方面。一要深入调查研究，浙江“千万工程”的每一次破题，都是基于调查研究的成果。只有通过深入调查，才能摸清人居环境发展的基线，了解当地农民最紧迫、最强烈的需求，制定最贴合当地实际的战略举措。二要挖掘当地文化，“千万工程”在开展村庄整治时，坚持千村千面、万村万象，并非以一个模子来复刻村庄，农村人居环境整治提升也应立足乡土社会，塑造富有地域特色的乡村形态，保护并传承村庄传统文化，探索农业文化遗产保护与乡村可持续发展的有机结合。

专题报告

Special Topic Reports

G.3

农村厕所革命发展报告

魏孝承　王佳锐*

摘　要： 农村厕所革命是农村人居环境整治的重要内容。本报告阐述了我国农村厕所革命现状，总结了现有农村厕所改造技术模式和分布情况，并对农村厕所粪污无害化指标和养分含量指标进行了监测分析。结果表明，我国农村卫生厕所普及率区域差异明显，呈现“东高西低、南高北低”的格局，其中东部、南部和中部主要选择水冲式厕所，东北和西北等寒冷和缺水地区以旱厕为主。报告还梳理了当前厕所革命存在的主要问题，并提出了针对性对策建议。

关键词： 厕所革命　农村人居环境　农村环境治理

* 魏孝承，博士，农业农村部环境保护科研监测所助理研究员，主要从事农村改厕与人居环境治理技术模式研究；王佳锐，农业农村部环境保护科研监测所博士生，主要从事农村人居环境整治研究。

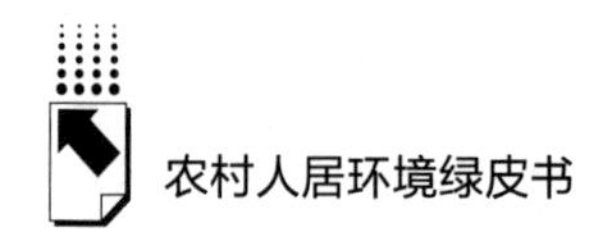

一　我国农村厕所革命发展现状及最新进展

（一）我国农村厕所革命现状

根据农业农村部数据，截至2023年4月，全国农村卫生厕所普及率超过73%①，其中上海已实现农村卫生厕所全覆盖②，浙江、北京的农村卫生厕所普及率已达到99%③。5年来累计改造农村户厕5000多万户④，有效改善了农村人居环境，促进了农民群众生活品质提升和卫生观念普及。2021年4月，农业农村部以问题为导向，在全国开展农村户厕问题摸排整改；2022年组织开展农村户厕问题摸排整改“回头看”，对2013年以来各级财政支持改造的农村户厕进行拉网式排查，分类推进问题整改，提升改厕质量与实效。

从区域上来看，我国农村卫生厕所普及率区域差异明显，呈现“东高西低、南高北低”的格局。从厕所类型上看，东部、南部和中部主要选择水冲式厕所，三格式户厕、双瓮漏斗式户厕、完整上下水道水冲式户厕的应用比例较高；东北和西北等寒冷和缺水地区以旱厕为主，双坑交替式户厕应用较多。农村自然条件、发展水平、人文素养、政策落实等因素，是卫生厕所类型、数量、利用程度与功效的区域差异来源，未来农村改厕路径包括提高卫生厕所适用性、普及率、利用率和增进粪尿资源循环性。

---

①《农业农村部关于开展农村改厕“提质年”工作的通知》，农业农村部网站，2023年4月19日，http：//www.moa.gov.cn/govpublic/ncshsycjs/202304/t20230419_6425702.htm。

②《上海推进农村人居环境整治　农村卫生户厕普及率达100%》，人民网，2020年4月30日，http：//sh.people.com.cn/n2/2020/0430/c134768-33987040.html。

③《我厅召开全省新时代美丽乡村建设暨高水平提升农村人居环境视频会议》，浙江省农业农村厅网站，2020年5月22日，http：//nynct.zj.gov.cn/art/2020/5/22/art_1589296_43298777.html；《北京市人民政府关于印发〈北京市“十四五”时期乡村振兴战略实施规划〉的通知》，北京市人民政府网，2021年8月12日，https：//www.beijing.gov.cn/zhengce/gfxwj/202108/t20210812_2467323.html？eqid=b79f13d4000c23df00000003648958a9。

④《农业农村部答“农村户厕改造后不能用、不好用”问题》，中华人民共和国中央人民政府网，2023年9月11日，https：//www.gov.cn/hudong/202309/content_6902939.htm。

（二）我国改厕典型技术模式

目前采用的农村改厕技术主要为《农村户厕卫生规范》（GB19379-2012）中推荐的模式，其中水冲厕所 4 种：三格式户厕、双瓮漏斗式户厕、三联通沼气池式户厕、完整上下水道水冲式户厕；卫生旱厕 2 种：双坑交替式户厕和粪尿分集式户厕。由于我国不同区域气候差异较大，这六种技术模式的实施应用情况各有优劣。此外，净化槽、新型生态旱厕、土壤渗滤等新技术新模式也在部分地区有所应用。

1. 典型水冲式卫生厕所

典型水冲式卫生厕所在我国南方地区，以及解决了农村给水问题的区域应用较多。

一是三格式户厕。以三格化粪池对厕所粪污进行沉淀、厌氧消化和水解，杀灭粪污中的病原体，实现粪污的无害化。这种类型的厕所应用较为广泛，全国大多数地区均适用；其衍生的变形也较多，可以组合成不同的模式。但三格化粪池不能处理灰水，需要定期清掏。随着农村经济水平的提高，如何将厕所粪污和生活杂排水同步处理和资源化利用或达标排放是当前农户普遍关心的问题。

二是双瓮漏斗式户厕。采用两个瓮体处理粪便，基本原理和三格式户厕相同，通过厌氧发酵分解有机物、改变微生物生存环境，具有杀灭病菌和虫卵的作用。粪皮和粪渣中的虫卵被沉降或杀灭，中层腐熟的无害化粪液得到利用。该模式在中原地区应用较多。

三是完整上下水道水冲式户厕。跟城市户用厕所一样，采用管网收集各农户的粪污，纳入集中处理设施进行后续处理。主要适用于城郊、集镇、经济较发达且水资源较为丰富的地区。该模式处理效果好、环境干净整洁，但上下水管道系统建设和维护需要巨大投资。

四是三联通沼气池式户厕。人畜粪便和各种有机废物直流进入沼气池中，在厌氧条件下，经微生物发酵降解产生沼气，可以用作燃料，沼液和沼渣可用作农作物肥料。该模式适用于我国黄河、淮河及秦岭以南的农村地区。在全国其他地区包括寒冷地区只要处理好冬季防冻问题，如沼气池建在暖棚内，沼气池式户厕也可以应用。但随着经济发展和人居环境改善，家庭养殖越来越少，沼气发酵原料不足，导致沼气池难以正常运行，一些沼气池变成了储粪池，沼气池式户厕使用情况较差。

水冲式卫生厕所是目前农村改厕的主要模式。优点是使用环境卫生整洁，和城里的厕所基本一样，农民愿意接受，而且粪污处理效果较好。然而，在西北某些农村，水资源缺乏，农民用瓢舀水冲或者干脆“水改旱”，将水冲厕所当旱厕使用，农村厕所环境重新回到了脏乱差局面。另外，寒冷地区容易出现管道冻结无法使用的现象，如何阶段性保温是水冲式厕所应用的难题。特别是东北、西北等寒冷地区，冬季上下水冻住，农民使用不方便。

2. 典型卫生旱厕技术

在西北、东北以及西南等地区，由于缺水和天气严寒，卫生旱厕也是主要的改厕技术。

一是双坑交替式户厕。地下两个储粪坑，每次如厕后添加秸秆粉末、草木灰或灰土覆盖粪便，一个坑储满后用土覆盖密封堆沤，再使用另外一个坑，两个坑交替使用。在干旱、缺水及寒冷地区，以及传统上使用固体粪肥的地区，由于水资源匮乏，或难以解决水冲厕所防冻问题，可选用此类型。使用方式与原有旱厕相同，但占地较大，维持其清洁卫生比较困难。

二是粪尿分集式户厕。粪便、尿液分开收集，尿液储存 10 天以上可以还田，每次如厕后用秸秆粉末、草木灰或灰土覆盖粪便，最后清掏出来堆肥。该类型厕所仅用很少量水冲洗小便池，大便后加灰，经脱水干燥处理后重量和体积缩小，基本无污染环境与危害人体健康的污物排放，少量残留物可用于土壤施肥，因此被称为生态厕所。此类型厕所适用于干旱、缺水的地区，在寒冷地区和其他地区也可使用，由于如厕方式和清理方式与传统厕所差别较大，用户的接受度不高，养成正确的使用习惯存在较多困难。还有一种使用水冲的粪尿分集式厕所，便后用水冲，在我国并不常见。

卫生旱厕占全国改厕比例低于水冲式卫生厕所。在内蒙古、吉林、甘肃、青海、新疆生产建设兵团等地区推广使用较为广泛。优势是节水、节能，堆肥后能还田。缺点是如厕环境不如水冲厕卫生，且如厕后需要添加垫料，操作烦琐，需要农户改变如厕习惯，处理不当会影响粪便无害化效果。

3. 新型卫生厕所

目前针对我国典型或者气候特殊的区域，有一些新型的技术研发。

一是生物填料旱厕。采用接种高效微生物的生物填料，覆盖粪便或和粪便混合，有的采用搅拌、加热等措施，加速粪便的生物降解，处理之后可直接还田利用，多用于缺水地区。该模式无须冲水，分为动力型和无动力型，在东北和西北等寒冷或缺水地区有应用。

二是净化槽。这是一种户用小型污水处理设施，采用厌氧和好氧处理工艺，外加消化液回流，对厕所粪污及生活污水进行处理并实现达标排放。该技术具有处理效率高、运行成本低、出水水质好等特点，适用于居住分散、无集中管网的农村地区。相比于传统化粪池，净化槽增加了好氧过程，需要耗电，由于农民节约观念和对净化槽的科学认知不足等，大量净化槽处理效率低、出水水质较差。

三是土壤渗滤技术。化粪池预处理后的黑灰水通过地下布水系统，间歇输送至农户房前屋后闲置土地或小菜园/小花园/小果园，经过布水系统的砾石层过滤后，进入土壤，通过滤层过滤、土壤吸附、微生物降解和植物吸收，既就地消纳了农户黑灰水，又充分利用了黑灰水的氮、磷等营养元素，实现了黑灰水协同处理和资源化利用，促进了农村节肥节水和庭院经济发展。土壤渗滤技术简单，便于建设，免清掏、少管护，解决了三格化粪池不能处理灰水及需要定期清掏的问题，可单户或联户建设。该技术适用于居住分散、有水厕建设条件和消纳土地的广大农村地区。目前在贵州、安徽、湖南、湖北、广东等地有应用。

虽然这些模式具有较好的区域适用性，但仍存在成本高、工业化程度低等问题，下一步研究将延伸至成本低、简单实用、群众乐于接受的技术模式。对于卫生旱厕，需进一步提升如厕的舒适度和卫生环境，突破厕所粪污高效除臭技术瓶颈，加强粪污资源化利用，突破低温粪污厌氧发酵及污染物稳定去除技术等，进一步开发轻简化、无害化卫生厕所改造技术及粪污处理装备与产品。对于水冲厕所，需进一步研发节水冲、微水冲技术和就地高效无害化、资源化处理技术，针对寒冷地区研发低成本、轻简化、多模式的上下水管道及处理设施保温防冻技术和装备等。除系统工程处理技术和装备之外，寿命周期也需考虑在内，以确保工程项目长期稳定运行。

二　农村改厕成效

为摸清我国农村厕所粪污污染现状，农业农村部环境保护科研监测所乡村环境建设创新团队在全国开展了厕所粪污、周边土壤和水体的监测评估。

（一）监测区域分布

监测范围涵盖全国 26 个省（自治区、直辖市），包括安徽省、北京市、重庆市、福建省、甘肃省、广东省、广西壮族自治区、贵州省、河北省、河南省、黑龙江省、湖北省、吉林省、江苏省、江西省、辽宁省、内蒙古自治区、宁夏回族自治区、青海省、山东省、陕西省、上海市、四川省、天津市、云南省、浙江省，覆盖我国农村改厕主要范围。

（二）监测结果

1. 全国农村厕所粪污无害化情况

（1）基本情况

创新团队对我国 23 个省份的农村厕所粪污和生活污水无害化指标进行检测，发现新改厕所蛔虫卵死亡率基本达到 100%，达到 GB7959-2012《粪便无害化卫生要求》的相关标准。病原菌方面，有 24 种病原菌在 90%以上的粪污样本中有检出，旱厕粪污中病原菌丰度显著高于水冲厕粪污。小型集中污水处理设施对于病原菌有明显去除作用，但其出水中病原菌丰度仍显著高于地表水。

（2）无害化情况

粪便大肠杆菌、沙门氏菌和蛔虫卵是粪便污染指示性物种。参考《粪便无害化卫生要求》（GB7959-2012），我们定义合格的样本为平均粪大肠菌值在 $10^{-2}\sim10^{-1}$，蛔虫卵死亡率>95%，且未检测出沙门氏菌。在 50 份厕所粪便样本中，粪大肠菌值总合格率为 84%，蛔虫卵总死亡率合格率为 90%，样本未检测到沙门氏菌①。

旱厕样品中粪大肠菌值和蛔虫卵的平均合格率分别为 70%和 80%，而化粪池出水的这两个指标合格率分别为 93.3%和 96.7%，这表明三格化粪池处理后的粪便无害化水平显著高于旱厕（$p<0.01$）。西北地区采用的旱厕通常难以实现无害化。旱厕处理的关键是发酵，许多外部因素，包括水分含量和温度，限制了粪便降解效果，因此建议优化旱厕厕所技术，从而提高无害化水平②。

（3）病原菌分布情况

研究团队采集黑龙江、吉林、内蒙古、山东、江苏、湖北、湖南、宁夏、甘肃、陕西 10 个省（自治区）50 个农村家庭厕所的粪便样本，其中 20 个为传统旱厕样本，其余 30 个为化粪池样本，并对所有样本中病原菌的赋存情况进行检测。结果表明，厕所粪污中典型病原菌存在明显的区域分布特征。

研究团队采用宏基因组测序的方法对厕所粪污和生活污水中的细菌群落进行分析。结果显示，虽然病原体可能在嗜热或厌氧阶段被杀死，但我们在前 20 个属中检测到病原菌，平均占总属数的 8.7%，特别是在北方地区，如

① Gao Y., Tan L., Zhang C. X, et al., "Assessment of Environmental and Social Effects of Rural Toilet Retrofitting on a Regional Scale in China," *Frontiers in Environmental Science*, 2022, 10: 260-269.

② Hill G. B., Baldwin S. A., "Vermicomposting Toilets, An Alternative to Latrine Style microbial Composting Toilets, Prove Far Superior in Mass Reduction, Pathogen Destruction, Compost Quality, and operational cost," *Waste Management*, 2012, 32 (10): 1811-1820.

链球菌、拟杆菌、大肠杆菌、铜绿假单胞菌等[①]。作为一种机会性病原体，链球菌在其他环境中常常被检测出来，如空气、回用水和土壤等，这些环境具有边缘适应的选项[②]。大肠杆菌是一种引发腹泻和其他肠道疾病的病原体，在水和食品的微生物质量指标中被广泛使用，可以导致5岁以下儿童的死亡[③]。在孟加拉国，除轮状病毒外，病原性大肠杆菌是腹泻的第二个主要原因[④]。此外，作为主要的肠道共生菌，多重耐药的大肠杆菌也可能引发常见和严重的细菌感染，如尿路感染和败血症[⑤]。假单胞菌是最常见的可以引发医院获得性肺炎的革兰阴性病原体之一[⑥]。猪链球菌可引起猪链球菌病，严重影响猪的健康[⑦]。此外，猩红热是由革兰阳性链球菌引发的，也会导致其他疾病（化脓性咽峡炎、毒性休克和坏死性筋膜炎等）[⑧]。

---

① Gao Y., Li H., Yang B., et al., "The Preliminary Evaluation of Differential Characteristics and Factor Evaluation of the Microbial Structure of Rural Household Toilet Excrement in China," *Environmental Science and Pollution Research*, 2021 (4): 1-11.

② Jjemba P. K., Weinrich L. A., Cheng W., et al., "Regrowth of Potential Opportunistic Pathogens and Algae in Reclaimed-Water Distribution Systems," *Applied & Environmental Microbiology*, 2010, 76 (13): 4169-4178.

③ Zhou F. W., Cui J., Zhou J., et al., "Increasing Atmospheric Deposition Nitrogen and Ammonium Reduced Microbial Activity and Changed the Bacterial Community Composition of Red Paddy Soil," *Science of the Total Environment*, 2018, 633: 776-784.

④ Hayat Z. M., Fatima F. S., Haque R. M. H., et al., "Presence of Virulence Factors and Antibiotic Resistance among Escherichia Coli Strains Isolated from Human Pit Sludge," *The Journal of Infection in Developing Countries*, 2019, 13 (3): 195-203.

⑤ Hutinel M., Huijbers P. M. C., Fick J., et al., "Population-level surveillance of antibiotic resistance in Escherichia coli through sewage analysis," Eurosurveillance: Bulletin Europeen Sur Les Maladies Transmissibles = European Communicable Disease Bulletin, 2019, 24 (37): 1800497.

⑥ Robert G., Edwards J. R., et al., "Overview of nosocomial infections caused by gram-negative bacilli," *Clinical infectious diseases: an official publication of the Infectious Diseases Society of America*, 2005, 41 (6): 848-854.

⑦ Jensen H. E., Gyllensten J., Hofman C., et al., "Histologic and Bacteriologic Findings in Valvular Endocarditis of Slaughter-age Pigs", *Journal of Veterinary Diagnostic Investigation*, 2010, 22 (6): 921-927.

⑧ Clark, Andrew E., "The Occupational Opportunist: an Update on Erysipelothrix rhusiopathiae Infection, Disease Pathogenesis, and Microbiology", *Clinical Microbiology*, 2015, 37 (18): 143-51.

旱厕粪污中病原菌丰度（5.53%）显著高于水厕（3.25%）（$p<0.05$）。这表明化粪池在处理人类粪便方面卫生学效果优于旱厕。真菌病原体代表着一个重要的公共健康风险，在全球范围内每年可导致超过一百万的死亡病例[①]。与细菌群落不同，旱厕中真菌的比例（4.73%）显著低于化粪池出水中真菌的比例（5.39%），表明旱厕发酵对真菌的处理效果更好。

东部地区曲霉的相对丰度最低，其他地区的丰度要高于东部地区3倍以上，相对丰度在4.72%~11.16%区间。曲霉与肺炎有关，特别是结构性肺部疾病。黄孢霉可以感染人体皮肤，表现为皮肤肉芽肿、软组织脓性穿孔等，更重要的是，它还可以引发其他人体器官的感染，导致肺炎、骨髓炎、心包炎、胸膜炎等[②]。

2. 全国农村厕所粪污的氮磷等养分含量情况

（1）基本情况

研究团队采集了黑龙江、吉林、甘肃和内蒙古等地区的旱厕厕所样本，每省5个，共20个样本；山东、宁夏、江苏、陕西、湖南、湖北等地区三格化粪池样本，每省5个，共30个样本。

（2）养分分布情况

旱厕厕所样品中的全氮（TN）含量为259.21~330.46mg/kg，吉林省的样品具有最高的TN含量，而内蒙古的样品具有最低的TN含量。此外，四个省份的旱厕厕所样品中NH_4^+-N和NO_3^--N的含量分别在15.6~50.16mg/kg区间和8.51~24.45mg/kg区间变化。旱厕厕所样品中的全磷（TP）含量为2.71~3.71mg/kg，甘肃省的样品TP含量最高，为3.71mg/kg，而吉林省的最低，为2.71mg/kg。粪便的有机含量（OM）为110.78~274.10g/kg（甘肃>黑龙江>吉林>内蒙古）。旱厕厕所处理产品的养分水平（259.21~

① Tischler Y. B., Hohl M. T., "Menacing Mold: Recent Advances in Aspergillus Pathogenesis and Host Defense", *Journal of Molecular Biology*, 2019, 431 (21): 4229-4246.

② Kelova M. E., Eich-Greatorex S., Krogstad T., "Human Excreta as A Resource in Agriculture-Evaluating the Fertilizer potential of Different Composting and Fermentation-derived Products", *Resources Conservation and Recycling*, 2021, 175: 105748.

330.46mg/kg）低于以前的研究（720~950mg/kg），可能是因为使用了不同的填充材料。不容忽视的是，这种浓度仍然可以满足作物的养分需求，可以替代化学肥料的使用，帮助实现养分循环。澳大利亚使用的年度商业化肥的4.9%~6.4%可以用人类粪便替代[①]。成熟的旱厕粪污还可以用作土壤改良剂，替代用于土壤修复的其他材料[②]。因此，作为一种无须冲水的厕所类型，旱厕可以为养分资源重复利用问题提供可持续的解决方案。

在化粪池出水中，TN、TP 和有机碳的浓度分别在 381.31~2040.84mg/L、10.41~80.46mg/L 和 66.32~1003.01mg/L 区间，各省样本之间没有显著差异（$p>0.05$）。结合现场采样，发现所收集的出水相对浑浊，尤其是在陕西、山东和湖南。根据调查的农村居民反馈，这些是新建的化粪池，使用时间为 2~3 个月，因此粪便在化粪池内的发酵时间相对较短。这就解释了为什么本研究中出水的理化指标高于其他研究中的指标[③]。此外，调查发现，宁夏、江苏和湖南的农村居民有将家庭洗衣、洗澡等生活杂排水排入化粪池的习惯。生活杂排水的稀释效应可能会导致该地区化粪池出水的化学指标低于其他地区。然而，大量生活杂排水的混入意味着粪便在化粪池中的停留时间无法达到标准要求，直接在农田中使用不仅会污染土壤环境，还会增加对人体健康的风险。

（3）pH 分布情况

监测发现，相较于其他理化因子指标，pH 平均变化波动较小，厕污整体偏碱性，pH 平均值为 7.32~8.37，但仍有部分高于《农田灌溉水质

① Anand C. K., Apul D. S., "Composting Toilets as a Sustainable Alternative To Urban Sanitation-A Review", *Waste Management*, 2014, 34: 329-343.

② Vinnerås B., Björklund A., "Jönsson H. Thermal Composting of Faecal Matter as Treatment and Possible Disinfection Method-laboratory-scale and Pilot-scale Studies", *Bioresource Technology*, 2003, 88 (1): 47-54.

③ Tan L., Zhang C., Liu F., et al., "Three-compartment Septic Tanks as Sustainable On-site Treatment Facilities? Watch out for the Potential Dissemination of Human-associated Pathogens and Antibiotic Resistance", *Journal of Environmental Management*, 2021, 300: 113709; Cui L. H., Wen L., Zhu X. Z., et al., "Performance of hybrid constructed wetland systems for treating septic tank effluent", *Journal of Environmental Sciences*, 2006 (04): 665-669.

标准》（GB5084-2005）的要求（5.5~8.5），不能直接用于农田灌溉。高 pH 条件可能会导致交换性官能团与其他阴离子结合，并增加土壤中的重金属含量①。此外，高 pH 水会导致土壤有机质含量降低、质地差、结构差、板结、通气性差、渗透性差、水气热协调不一、受侵蚀以及肥力降低，这些都不利于耕作和植物生长②。

（三）结论与分析

根据以上监测结果，可以就我国厕所粪污、改厕典型技术效果两方面得到以下结论。

一是水厕和旱厕均能实现厕所粪污无害化，但水厕无害化水平优于旱厕，主要体现在粪大肠菌值和蛔虫卵死亡率两项指标上。

二是各种典型改厕技术对各种病原菌去除效果有差异。旱厕粪污中病原菌含量比水厕高。不同水厕技术对病原菌的去除效果差异不明显，集中下水道收集式户厕、小型污水处理设施的去除效果较好。

三是新改厕所能有效降低粪污总氮，但旱厕粪污中养分指标比水厕高。厕所粪污普遍呈弱碱性，经厕所处理后的粪污养分水平会降低，但仍可满足作物的养分需求。

三　农村厕所革命存在的问题及挑战

（一）治理技术存在瓶颈

我国地域辽阔，各地风俗习惯、地理气候差异大，厕所粪污处理受地域

① Ouyang Y. Z., Liu Z. R., Zhang L., et al., "Analysis of Influencing Factors of Heavy metals Pollution in Farmland-rice System Around A Uranium Tailings Dam", *Transactions of The Institution of Chemical Engineers*, Process Safety and Environmental Protection, Part B, 2020, 139 (1): 124-132.

② Julia K., Emanuele L., Panos P., et al., "Manure management and soil biodiversity: Towards more sustainable food systems in the EU", *Agricultural Systems*, 2021, 194 (3): 103251.

影响也较大。目前的技术和产品针对性、适用性不强，比如适宜高海拔、干旱、寒冷地区经济实用的卫生厕所和偏远地区粪污就地就近处理等技术产品相对较少。另外，厕所粪污污染治理以单一污染治理为主，协同污染治理实用技术相对缺乏，例如厕所粪污、生活垃圾、畜禽粪污、秸秆的协同处理技术，厕所粪污与生活杂排水协同低碳处理技术等。

（二）标准体系不够健全

我国现行的农村改厕方面的标准数量较少，标准体系不完善。例如粪污资源化利用的标准空缺，建设管护方面也主要针对三格式户厕和集中下水道式厕所有相关国家标准。值得注意的是，我国幅员辽阔，不同地区气候条件、发展水平差异较大，不同设施设备的处理能力、处理效果各不相同，不同环境污染消纳能力不同、污染敏感程度不同，因此，在标准建设方面不能搞“一刀切”，需要加快建立更加完善的国家和地方标准体系。

（三）监测与评价体系滞后

目前我国农村厕所革命缺少系统性、全局性、规范性、长期性的跟踪监测，导致农村厕所革命动态趋势不明、持续提升潜力不清。随着农村厕所革命的不断推进，一些不适用的技术模式也被推广应用，由于缺乏系统监测，其运行情况和处理效果不能得到及时反馈，影响治理成效，还可能导致农民不满意，甚至爆发舆情。

（四）长效管护机制不健全

有的地方对打基础、管长远的机制建设重视不够，责任落实、资金投入、运营管护、督促检查、宣传引导等方面机制还有待完善。有的地方设施设备建设不规范，一些前几年改造的农村卫生厕所标准不高，渗漏损坏，需要维修改造；或者设备建设不配套，建了前端缺后端，有了后端没前端。有的地方重建设轻管护，缺乏配套服务体系、专业管护队伍和运行维护资金，设施设备坏了没人修，厕所粪污满了没人掏，处理设施“晒太阳”，建好了但没管好没用好。

（五）部门之间协作不够

农村厕所革命涉及诸多领域，改造水冲厕所，上水需要与供水系统相衔接，出水需要与污水处理系统相衔接。改了水冲厕所，没有自来水的供应，水冲厕所没法用；如果化粪池出水直排，没有污水处理设施，又会造成新的污染。供水、改厕、污水处理分属不同部门，单个部门制定的方案往往只针对自己领域，对其他领域往往考虑不够充分。例如某些地区，还未完成自来水正常供应却建了三格式水冲厕所，导致厕所闲置和废弃。某些地区，改厕模式选择的是三格式户厕，又在农户建厕所时配套了洗衣洗澡设施，但三格式户厕又不能处理洗衣洗澡废水，最终导致要么是黑灰不分，要么出水直排，达不到无害化处理效果。

四　进一步推进农村厕所革命的对策建议

（一）加快构建区域适宜性技术模式

一是基于不同区域特点，特别是高海拔、干旱、寒冷地区农村改厕技术的瓶颈问题，将技术研究列入国家重大科技项目，加快低成本、易操作、少维护、轻简化、多污染物协同治理技术研发。部分地区如干旱寒冷地区农村改厕施工难度大、技术要求高、产品质量严、管护压力大，需要有针对性地开展干旱寒冷地区农村改厕技术指导与培训服务，组织高校、科研院所和企业就深埋、适度浅埋、保温材料覆盖等防冻技术，在施工建设、正确使用和日常维护方法等方面对改厕基层干部、技术骨干和施工单位开展培训并进行全面指导，保证厕所有效发挥作用，同时消除老百姓的顾虑和担忧。二是充分考虑区域间发展的不平衡，开展典型区域厕所革命试验示范点建设，集成厕所改造、污水处理、垃圾处置、有机废弃物资源化等领域的适宜性技术模式，构建可复制、可推广的技术样板。三是相关部门可组织开展干旱寒冷地区改厕新技术、新产品展示交流活动，展示成熟技术和适用产品，提供经济适用、操作方便的产品，并对新技术产品开展试点示范，经过一个完整春夏秋冬周期后再推广使用。

（二）及时填补适宜技术模式标准的空白

一是针对农村厕所及其长效管护机制等方面存在标准空白、标龄长的问题，查漏补缺，落实时间表和编制单位，推动尽快实现农村改厕各项任务“有标可依”。未来应抓紧编制干旱寒冷地区适用的技术模式建设标准，加强标准的系统性、适用性、前瞻性，逐步完善标准体系建设。此外，鼓励干旱寒冷地区在国家标准和行业标准基础上，立足本地改厕主要问题，编制出台地方标准，形成适合寒旱地区的农村改厕技术模式清单和相关标准，并开发搭建农村厕所管理技术与智慧信息化运营平台。二是组织深入开展农村改厕调研，充分考虑区域发展情况，因地制宜开展标准的科学修订工作，使标准更好地服务于农村厕所革命。

（三）建立健全农村改厕监测体系

一是对新技术、新产品、新设备、新模式的处理效果和环境效应开展长期监测，要科学引入，也要长久把关，要对治理方法的有效性和潜在问题保持密切跟踪和持续反馈，以此促进技术模式的不断优化革新。二是对农村改厕长期因子保持动态跟踪，对不同地区农村厕所的产排特征和污染特性要掌握好第一手数据，对废弃物资源化利用的环境效应要保持追踪观察。三是构建适用于我国农村改厕的监测体系和评价方法，保障农村改厕工作持续稳定提升。此外，地方政府应加强对农村厕所革命的持续监督，分片包干、责任到人，发挥乡镇干部、驻村干部和村干部的积极作用，对厕具质量、厕所建设、竣工验收、维护管理等过程进行持续监督。

（四）建立健全农村改厕长效管护机制

一是围绕农村厕所粪污的抽拉转运、设施设备维护等建立农村人居环境治理综合服务站，确保化粪池满了有人抽、设备坏了有人修、村庄的日常清洁有人维护等。二是加强长效管护技术设备研发，例如粪污处理设施的在线监测设备、化粪池的清掏预警设备、厕所管护服务的智慧信息平台等，强化对农村厕所粪污治理的技术支撑。

（五）加强农村改厕部门协作

农村改厕取得积极进展，但也存在盲目建设、无序建设、重复建设等问题。要明确工作重点，把握工作节奏，有序推进农村改厕工作。一是要充分发挥规划引领作用，坚持“无规划不建设”原则，编制系列规划，推动县域乡村建设规划、生态环境建设规划、产业发展规划等相互衔接，逐步实现多规合一。二是要明确重点任务优先序，坚持先易后难，从老百姓最关心、最现实、最迫切的问题入手，形成整治“菜单”。三是要统筹各部门项目计划和资金投入，有计划地推进建设工作。

G.4
农村生活污水治理报告

郑向群　刘 翀　田云龙*

摘　要： 生活污水治理是农村人居环境整治提升的重要内容，是建设宜居宜业和美乡村的基本要求。本报告在总结现阶段政策举措基础上，根据问卷调查和实地调研结果，对农村生活污水治理效果、农民满意度、农民参与意愿、污水资源化利用方式进行了分析。结果表明，农村生活污水治理效果明显，受访农民满意度普遍较高；尚未开展生活污水治理的村庄，大多数受访农民期盼开展治理，参与生活污水治理意愿较强；中西部地区农民开展生活污水灌溉利用意愿更强。但实地调研也发现，一些地方农村生活污水治理在统筹协调、运维管护、监管监测、技术选择等方面还不同程度地存在问题困难。建议进一步加强顶层设计、健全运维管护机制、完善监管监测体系、强化技术支撑，持续提升农村生活污水治理实效。

关键词： 生活污水治理　农村人居环境　乡村振兴　污水资源化利用

农村生活污水治理是影响我国农村人居环境质量实效的重要短板。党中央、国务院高度重视改善农村人居环境工作，将农村生活污水治理作为提升

---

* 郑向群，博士，中国农业科学院农业环境与可持续发展研究所研究员，主要研究方向为农村人居环境整治；刘翀，博士，中国农业科学院农业环境与可持续发展研究所副研究员，主要研究方向为农村人居环境整治、环境微生物学；田云龙，博士，中国农业科学院农业环境与可持续发展研究所副研究员，主要研究方向为农业面源污染防治、农村人居环境整治。

农村人居环境质量的重要任务进行部署，建立了一套行之有效的工作指导机制。各地方各部门认真贯彻落实，制定具体工作推进方案，积极推进农村生活污水治理。据 2023 年 4 月数据，2022 年全国农村生活污水治理率已达到 31%，较 2020 年提升约 5.5 个百分点，乱排现象基本得到管控，农村生活污水治理取得了阶段性成果。

为客观掌握农村生活污水治理情况与农民看法，本报告以东部、中部和西部地区代表性省份为对象，选取典型村庄，采取问卷和实地调研相结合方式开展调查，聚焦农民满意度、治理意愿、参与方式、模式选择等情况，在深入梳理存在问题困难、剖析内在原因的基础上，提出针对性对策建议，以期为高质量推进农村生活污水治理提供决策参考。

一　农村生活污水治理政策导向与推进举措

自 2020 年底农村人居环境整治三年行动圆满收官以来，农村生活污水治理等改善农村人居环境工作步入新阶段，为进一步巩固拓展农村生活污水治理成果，国家层面采取一系列重要举措，先后发布了一系列指导性意见和方案，优化了治理布局、完善了治理体系、开展了监管评估、推动了试点示范等，持续推进农村生活污水治理取得更高实效。

（一）治理政策导向

2021 年 1 月，国家发展改革委印发《关于推进污水资源化利用的指导意见》，指导各地稳妥推进农业农村污水资源化利用，积极探索符合农村实际、低成本的农村生活污水治理技术和模式。根据区域位置、人口聚集度选用分户处理、村组处理和纳入城镇污水管网等收集处理方式，推广工程和生态相结合的模块化工艺技术，推动农村生活污水就近就地资源化利用。同年 12 月，中共中央办公厅、国务院办公厅印发的《农村人居环境整治提升五年行动方案（2021-2025 年）》提出，到 2025 年农村生活污水治理率不断提升，乱倒乱排得到管控；分区分类推进农村生活污水治理，重点整治乡镇政府驻地、中心村等人口居住集中区域农村生活污水，开展平原、山地、丘陵、缺水、高寒和生态环境敏感等典型地区农村生活污水治理试点，以资源化利用、可持续治理为导向，选择符合农村实际的生活污水治理技术，优先推广运行费用低、管护简便的治理技术，鼓励居住分散地区探索采用人工湿地、土壤渗滤等生态处理技术，积极推进农村生活污水资源化利用；加强农村黑臭水体治理，开展农村黑臭水体治理试点，以房前屋后河塘沟渠和群众反映强烈的黑臭水体为重点，基本消除较大面积黑臭水体。2022 年 1 月，生态环境部等五部门联合印发《农业农村污染治理攻坚战行动方案（2021~2025 年）》，就持续打好农村生活污水治理攻坚战的主要任务提出明确目标和要求。到 2025 年，全国农村生活污水治理率达到 40%。其中，东部地区、中西部城市近郊区等有基础、有条件的地区，农村生活污水治理率达到 55%左右；中西部有较好基础、基本具备条件的地区，农村生活污水治理率达到 25%左右；偏远、经济欠发达地区，农村生活污水治理水平有新提升；以解决农村生活污水等突出问题为重点，分区分类推进农村生活污水治理，提高农村环境整治成效和覆盖水平。

（二）工作推进举措

优化治理布局。生态环境部、农业农村部等有关部门深入贯彻落实国家决策部署，将农村生活污水治理作为重点，积极推动农村生态环境基础设施建设，与乡村建设行动、农村人居环境整治提升有效衔接。进一步突出乡镇政府驻地、中心村等，优先完成治理。指导各地强化农村生活污水治理分区分类施策，根据生态环境治理需求、人口规模和集中度、经济发展水平等，筛选确定适合本地区的治理模式和技术工艺。对居住集中的区域，选择效果相对较好的设施技术，进行重点治理；对人口分散的地区，推进就地就近就农利用。积极推动农村生活污水治理与改厕有效衔接，因地制宜推进厕所粪污分散处理、集中处理与纳入污水管网统一处理，鼓励联户、联村、村镇一体处理。对已完成水冲式厕所改造的地区，优先将厕所粪污纳入生活污水收集和处理系统，避免化粪池出水直排；对未完成水冲式厕所改造的地区，预留后续污水治理空间，鼓励将改厕与生活污水治理同步设计、建设和运营。组织开展农村生活污水治理设施运行情况排查，推进各地分类整改，提升治理成效和设施运行率。

加强技术指导。近年来，国家层面协调推动各有关部门不断强化农村生活污水治理技术体系建设，采取一系列有力措施，持续提升专业化、规范化治理水平。出台《农村生活污水处理设施水污染物排放控制规范编制工作指南（试行）》，指导各省出台农村生活污水治理设施地方排放标准，结合生态环境保护需要与农村社会经济发展水平，因地制宜确定排放控制要求。发布《农村生活污水治理技术手册（试行）》，指导各地因地制宜选择治理技术模式，鼓励地方探索适合本地实际、低成本、易维护、高效率的农村生活污水治理技术。截至 2022 年底，31 个省份已发布了地方农村生活污水处理排放标准，23 个省份共出台 60 余项农村生活污水治理技术指南或规范。

推进试点示范。生态环境部、财政部在全国 10 个省份 34 个县（市、区）开展了农村生活污水治理综合试点，组织专家帮扶，积极探索典型地区治理模式与长效机制，总结推广农村生活污水治理工艺和典型案例。2023 年 1 月，生态环境部发布《农村生活污水和黑臭水体治理示范案例》，在各省（自治区、直辖市）推荐的成功案例的基础上，遴选出首批建设成功、运行稳定的 14 个农村生活污水和黑臭水体治理示范案例，为全国各地因地制宜选取治理模式提供借鉴与参考。

二　农村生活污水治理成效调查分析及主要结论

本次调查范围涉及东部地区的江苏、福建，中部地区的河南、湖北，西部地区的四川、宁夏等六省（自治区）19 个县（市）80 余个村，问卷调查对象为已开展治理和尚未开展治理村庄的干部和群众，共计收集有效问卷 1364 份，包括东部 438 份、中部 462 份、西部 464 份，其中已治理村庄 656 份、尚未治理村庄 708 份。实地调研时通过现场查看、入户走访、干部访谈等方式对问卷调查情况进行校核验证，共查看处理设施 20 余处、走访 100 余户、访谈干部 20 余人。

（一）生活污水治理效果明显，农民满意度较高

问卷调查结果显示，在已开展生活污水治理的村庄中，受访农民反映生活污水随意排放的不足2%，反映存在黑臭水体污染的占0.4%，对生活污水和黑臭水体治理效果满意率达98%以上。少数受访农民不满意的原因主要有治理模式不科学、处理后水质不达标、设施设备闲置、运维管护不到位等。在尚未开展生活污水治理的村庄中，受访农民反映生活污水随意排放的达54.4%，反映存在黑臭水体污染的占40.8%（见图1）。从数据分析可见，已开展生活污水治理的村庄取得成效较为明显，受访农民对治理效果普遍满意，生活污水随意排放、黑臭水体治理不到位的现象明显少于尚未开展生活污水治理的村庄。

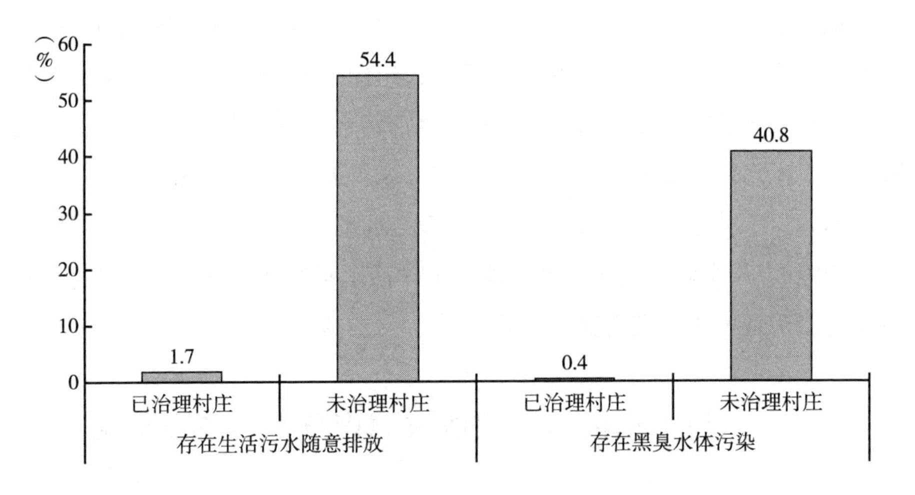

图1　调查村庄的受访农民对生活污水治理效果的评价

（二）大多数受访农民期盼开展生活污水治理

问卷调查结果显示，当问及“是否愿意开展生活污水治理”时，尚未开展生活污水治理村庄受访农户选择“愿意治理”的占80.3%，选择“治不治理都行”的占17.9%，选择“不愿治理”的占1.8%。分区域对比发现，东部

调研省份受访农户选择上述选项的比例分别为 93. 5%、6. 5%和 0，中部调研省份受访农户选择上述选项的比例分别为 89. 6%、10. 4%和 0，西部调研省份受访农户选择上述选项的比例分别为 59. 2%、35. 5%和 5. 3%（见图 2）。从数据分析可见，相对于西部调研省份，东部和中部调研省份的农民具有更强的生活污水治理意愿。实地调研发现，这主要与区域经济发展不同步有关，东部和中部省份受访农民收入水平不断提升，对改善生活品质的追求也更高，西部省份受访农民则更多关注提高收入水平。

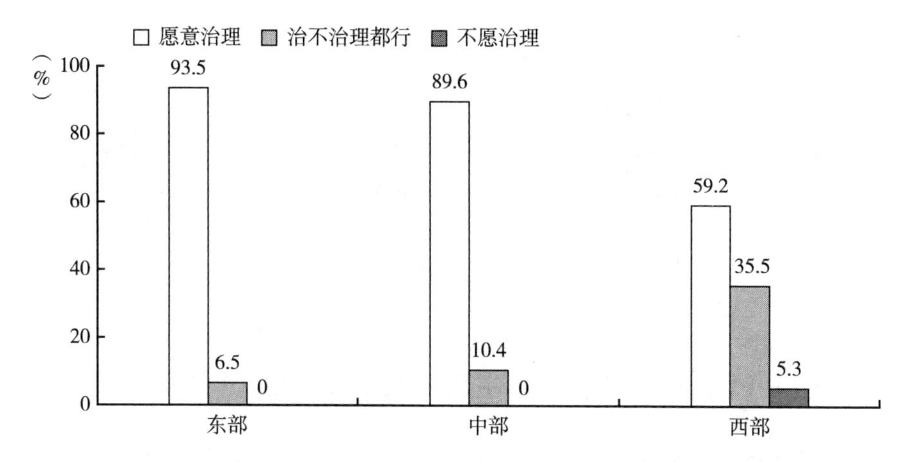

图 2　受访农民对村庄开展生活污水治理的看法

（三）农民参与生活污水治理意愿较强

问卷调查结果显示，当问及“愿意选择哪种方式参与污水治理”时，在尚未开展生活污水治理的村庄，受访农民选择“出工”的占 77. 6%，选择“出钱”的占 3. 5%，选择“既出工也出钱”的占 18. 9%。分区域对比发现，东部调研省份受访农民选择上述选项的比例分别为 65. 2%、10. 9%和 23. 9%；中部调研省份受访农民选择上述选项的比例分别为 84. 9%、0 和 15. 1%；西部调研省份受访农民选择上述选项的比例分别为 75. 0%、3. 9%和 21. 1%（见图 3）。从数据分析可见，受访农民参与生活污水治理的意愿整体较强、态度积极，但更愿意以出工方式参与，出钱意愿较低。与东部调研省份相比，中部和西部调研省份农民出工参与意愿分别高出 19.7 个和约 10 个百分点，出钱参与意愿分别低 10.9 个和 7.0 个百分点，表明区域经济发展水平对农民选择以何种方式参与生活污水治理具有一定影响。

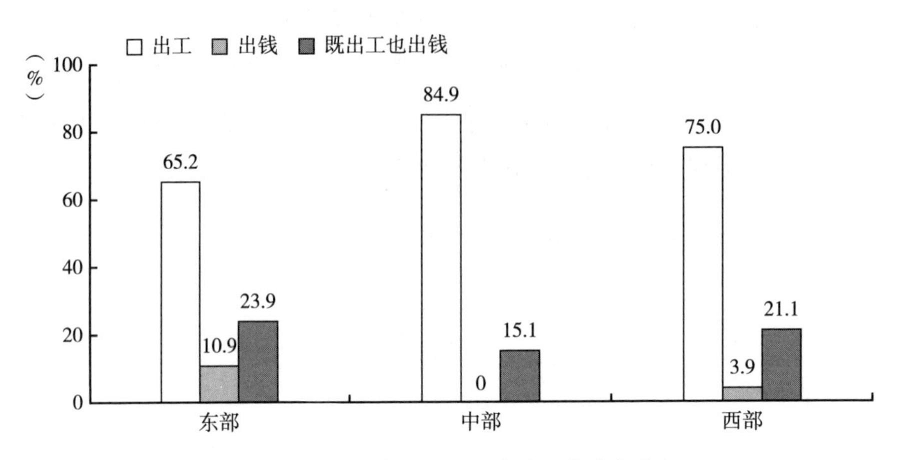

图 3　受访农民参与生活污水治理方式的选择

（四）中西部地区农民开展生活污水灌溉利用意愿更强

问卷调查结果显示，当问及“倾向选择哪类污水利用方式”时，尚未开展生活污水治理村庄受访农民选择“达标排放”的占 21.9%，选择“浇灌绿植”的占 9.7%，选择“灌溉农田”的占 72.4%，选择“景观利用”的占 1.8%。分区域对比发现，东部调研省份受访农民选择上述选项的比例分别为 71.7%、36.9%、10.9%和 8.7%；中部调研省份受访农民选择上述选项的比例分别为 8.5%、0、91.5%和 0；西部调研省份受访农民选择上述选项的比例分别为 10.5%、6.6%、82.9%和 0（见图 4）。从数据分析可见，东部受访农民倾向选择达标排放，而中部和西部受访农民更多倾向选择灌溉农田，这反映出生活污水利用方式的选择受水资源利用和水环境保护需求影响。东部省份农村水资源丰富、水环境治理需求更高，而中西部农村水资源相对缺乏，农田灌溉用水需求相对较大，因此不同地区农村生活污水排放利用方式有差异。

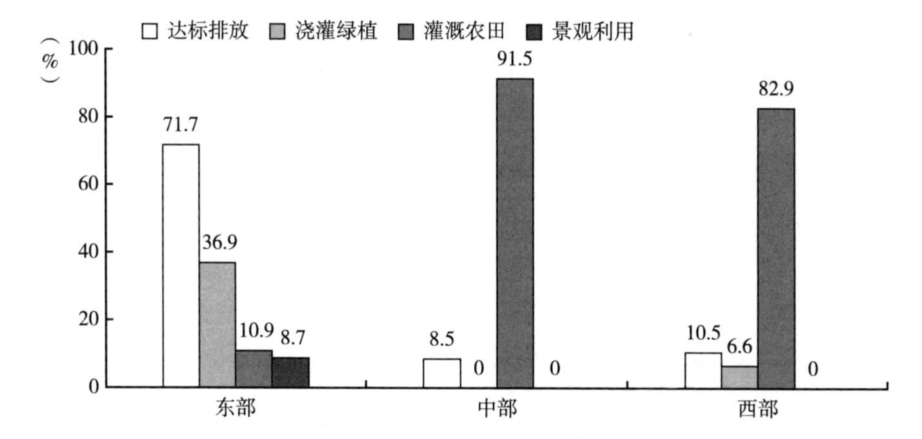

图4　受访农民倾向选择的生活污水资源化利用方式

说明：东部地区为多选，中部、西部地区为单选。

三　存在问题困难分析

从问卷调查和实地调研结果看，已开展治理村庄的生活污水、黑臭水体污染基本得到有效管控，农民整体满意；尚未开展治理村庄的农民期盼尽快开展治理，参与积极性较高。农村生活污水治理取得了阶段性成效，社会关切不断增强。但实地调研也发现，在工作推进层面仍不同程度地存在一些问题和困难，亟须从管理和技术层面突破桎梏，进一步提高我国农村生活污水治理实效。

（一）统筹实施机制需健全

有的地方开展农村生活污水治理缺少有效工作统筹推进机制，具体表现为两方面。一是建设管护统筹不到位。农村生活污水治理目标定位是杜绝环境污染、促进污水资源化利用，实现这一目标既要推动工程项目建设，又要周全考虑设施设备长效运维管护，但一些地方建管不同步、重建轻管现象较为突出，导致出现生活污水设施设备低效运行、“晒太阳”现象。调研中发现，有的村庄生活污水处理设施因无人管护而闲置不用，导致村内户用化粪池直排环境。二是职责分工统筹不到位。农村生活污水治理涉及生态环境、自然资源、财政、住建、农业农村、水利、水务等多个部门，但各部门缺少有效的工作统筹推进机制，导致各部门协作效率不高、合力不强，影响生活污水治理效果。调研中发现，有的地方用地审批流程烦琐复杂，影响生活污水处理设施施工建设；有的地方改水改厕工作不衔接，导致上下水不畅影响厕所使用。

（二）长效运维管护体系需完善

一是运维管护机制不成熟。农村生活污水治理成本高，设施设备建管运维过度依靠政府投入，市场化运作、社会化参与、专业化管理程度较低，筑牢政府、企业、农村居民三方共建共管关系的有效利益联结机制尚未成熟。二是责任主体不明确。部分地方农村生活污水治理权责不明晰、设施设备确权滞缓、管护主体责任没有压实，存在生活污水处理设施设备“建好没人管”现象。三是服务支撑不足。基层农村生活污水治理技术支撑偏弱、专业人才不足，处理设施设备日常运维管护能力不强，存在发现问题或排除故障不及时、不到位情况。四是资金保障偏弱。农村生活污水治理资金渠道单一，不少地方以政府投入为主，撬动社会资本参与治理不畅，承受较大的财政压力，设施设备长效运行管护保障有困难。

（三）监管监测工作执行需强化

一方面，部分村庄在一定程度上存在生活污水治理监管不到位现象，施工质量、设备质量和运维管护等重要环节容易出现风险隐患。有的管网施工建设不规范，投入使用后下沉破损或跑冒滴漏；有的配套设施不全，缺少检查井、雨污未分流；有的村级污水处理设施缺少维护导致运行低效，但长期无人管。另一方面，一些地方农村生态环境监测能力建设偏弱，生活污水处理设施运转和出水水质监测执行不到位。有的村级污水处理设施设备调试、维护、管理也不及时，没有建立出水水质定期监测制度，易出现出水水质不达标、资源化利用有风险等情况。

（四）技术模式选择不科学

有的地方未充分考虑地理气候特征、人口聚集程度、区域发展水平、水量水质特点等实际情况，简单套用城镇污水处理工艺技术和设计参数，导致处理设施运行期间出现“小马拉大车”或“大马拉小车”现象。有的地方未充分结合利用农村生态系统的自净能力，片面追求氮、磷等污染物去除效能，采用工艺复杂的治理技术，设置过高的出水水质标准。技术选择不合理、出水水质排放标准管控过严加重了运维管护压力，导致有的地方生活污水治理往往局限于试点示范，难以在广大农村推开应用。

（五）管理标准制修订滞后

农村生活污水治理标准体系顶层设计不完善，相关环节标准衔接不足，难以有效发挥指导约束作用。目前各地方已发布的农村生活污水有关标准大多侧重设施建设、排放要求等环节，但在运行维护、资源化利用、监测评估等管理方面，缺少可操作性强的技术规程。国家发展改革委 2021 年印发的《关于推进污水资源化利用的指导意见》明确提出推动农村生活污水就近就地资源化利用，但相关标准尚未出台，农村生活污水就地就近资源化利用渠道仍未打通。由于缺少标准，一些处理设施设备运维管护、污水处理利用不规范的现象时有发生，既影响治理效果，也易出现环境污染风险隐患。比如，调研中发现有的村庄治理生活污水，使用一体式三格化粪池产品收集洗漱、厨房等生活排水，认为化粪池具有污水净化处理作用。

四　对策建议

推进农村生活污水治理是改善农村人居环境的必然要求，关乎农村生态文明发展水平，要始终恪守因地制宜、分类施策的基本原则，深入研究治理推进机制，加强技术支撑储备，不断提升农村生活污水治理能力和水平。

（一）坚持分类推进统筹治理

我国地域间经济发展水平、水资源禀赋存在差距，不能简单仿效城镇模式治理农村生活污水，应结合农村实际完善治理体系和选取治理模式。对居住集中、条件较好的村庄，推动建设生活污水集中处理设施或接入附近城镇污水管网系统；对居住分散、具备基本条件的村庄，鼓励采用单户或联户生活污水处理设施。加强农村生活污水治理顶层设计，强化部门有效协作，多措并举做好生活污水收集处理、厕所改造、供水保障、雨污分流、农村水环境治理等工作衔接，合力推动基础设施一体规划、一体建设、一体管护，避免出现“翻烧饼”重复建设现象。特别要加强用地规划、用水用电、技术支撑、社会化服务、标准制修订等政策的配套衔接。

（二）建立多元共建共管机制

厘清农村生活污水治理和设施设备长效管护责任义务，充分发挥政府、市场、村民三方作用，形成政府主导、企业运作、农户参与的共治格局，推动农村生活污水和黑臭水体治理取得实效。推动地方对农村生活污水治理项目进行公示，充分尊重村民知情权、参与权和监督权，充分发挥农民主体作用，引导农民自觉参与农村生活污水治理管护，逐步建立生活污水处理农户分担付费制度。加大政府支持力度，注重吸引多元化社会资本投入，鼓励有条件的地区，委托专业机构统筹实施农村生活污水治理设施投资、建设、运行，提升规模化、市场化、可持续运营水平，逐步实现市场化运作。鼓励项目“肥瘦搭配”，通过城乡一体化、供排水一体化、环境治理与产业开发相结合等方式，实现环境经济综合效益。

（三）推动治理监管提档升级

完善农村生活污水治理监管体系，分区分类制定治理效果评价指标体系和方法，建立第三方污水技术设备评价机制，重点加大施工质量、技术产品质量、设施设备运维管护等监管力度，对发现的问题及时整改，切实提升整治成效和治理设施正常运行水平。健全农村生活污水处理设施监测制度，加强县级农村生态环境监测能力建设，结合源头预防、过程控制、末端治理策略，持续开展流域小微水体、生活污水处理设施出水口等水质监测，确保20吨及以上农村生活污水处理设施出水水质定期监测，地方排放标准得到有效执行。加快数字化赋能治理，探索建立集设施点位布局、运行管护、工艺参数、水质监测、管护记录、权益主体等基础信息于一体的管理平台，及时把握农村生活污水治理设施运行动态、出水水质特征等情况，实现一键式调度，解决因设施运行信息不透明带来的环境污染风险隐患。

（四）加强技术支撑能力建设

建立适用技术研发攻关库，以“氮磷资源化、技术标准化、装备模块化”为突破口，引导科研院所、高校和企业，加大生活污水处理利用全过程相关技术产品的研发攻关力度。在收集处理方面，加强黑灰水分离收集系统建设，为分质处理与资源化利用提供条件；研发气候适应性、物化循环、尾水消毒等技术产品，集成创新高适应、标准化、低成本、易维护、低耗高效的处理技术、工艺和成套设备，尤其要加快农村生活污水分散式一体化小型处理设施设备研发。在资源化利用方面，加强农村生活污水处理后资源化利用，鼓励再生水农田滴灌、喷灌及环境风险控制等技术和产品研发，促进生活污水就地就近安全利用。此外，还应加快推进农村生活污水治理建管用标准化工作，重点完善相关设施设备、施工验收、运行维护、无害化处理、资源化利用、污染防治、治理效果评价等标准。

G.5

农村生活垃圾治理报告

农村生活垃圾治理报告课题组*

摘　要： 农村生活垃圾是影响农村人居环境质量的重要因素之一。近年来，各级政府部门持续推进农村人居环境整治提升，生活垃圾分类加快推进，农村垃圾处理率和无害化率分别提高到91.1%和75.84%，收集转运处理模式不断创新，有机废弃物就地处理技术装备不断涌现，处理利用水平明显提高。但同时，我国农村生活垃圾仍存在收集处理滞后、处理技术水平不高和运行管理机制不健全等问题，应继续加强政府支持、强化科技创新、推进市场化运作、引导公众参与，持续推动农村生活垃圾收集处理和资源化利用。

关键词： 农村人居环境　农村生活垃圾　垃圾收集运输　垃圾资源化利用

一　引言

党的二十大报告提出，建设宜居宜业和美乡村，加快发展方式绿色转

* 农村生活垃圾治理报告课题组主要成员：张辉、沈玉君、丁京涛、周海宾、马双双、程琼仪、张芸、王娟。本报告主要执笔人：沈玉君、丁京涛、周海宾。沈玉君，博士，农业农村部规划设计研究院农村能源与环保研究所所长，研究员，主要研究方向为农业农村废弃物资源化利用与循环农业技术装备研发；丁京涛，农业农村部规划设计研究院农村能源与环保研究所副所长，高级工程师，主要研究方向为农业农村废弃物资源化利用技术装备研发；周海宾，农业农村部规划设计研究院农村能源与环保研究所高级工程师，主要研究方向为农业农村废弃物资源化利用技术装备研发。

型，深入推进环境污染防治，提升环境基础设施建设水平，推进城乡人居环境整治。实施生活垃圾治理，是农村人居环境整治的关键战役。习近平总书记多次对生活垃圾分类和收集处理作出重要指示，指出实行垃圾分类，关系广大人民群众生活环境，关系节约使用资源，也是社会文明水平的一个重要体现，并提出“十四五”时期，要接续推进农村人居环境整治提升行动，重点抓好改厕和污水、垃圾处理，健全生活垃圾处理长效机制①。2021年12月，中共中央办公厅、国务院办公厅印发了《农村人居环境整治提升五年行动方案（2021-2025年）》（以下简称“五年行动方案”），提出到2025年，农村人居环境显著改善，生态宜居美丽乡村建设取得新进步，农村生活垃圾无害化处理水平明显提升，有条件的村庄实现生活垃圾分类、源头减量，农村人居环境治理水平显著提升，长效管护机制基本建立。这对农村生活垃圾治理提出了新的要求。

本报告系统分析了我国农村生活垃圾产生和治理总体情况、“十四五”以来相关政策及落实情况，并对不同区域农村生活垃圾治理进展进行总结，凝练我国农村生活垃圾处理的主要技术模式，剖析农村生活垃圾治理的瓶颈问题，提出我国农村生活垃圾有效处理的对策建议。

二　我国农村生活垃圾治理现状及最新进展

（一）农村生活垃圾产生和治理总体情况

1. 全国农村生活垃圾产生情况

近年来，随着农民生活水平的不断提高，农民生活方式不断变化，农村生活垃圾产生量巨大，且成分日益复杂。2021年，由于农村常住人口下降，农村生活垃圾产生量有所下降，从2020年的2.8亿吨降至2.0亿吨②，其中东部地区

---

① 《美丽乡村更宜居　群众生活更幸福》，https：//baijiahao. baidu. com/s？id=1708653506001289353&wfr=spider&for=pc。

② 《2021年城乡建设统计年鉴》，住房和城乡建设部。

为6260.93万吨，占30.86%；中部地区为7524.15万吨，占37.09%；西部地区为5265.72万吨，占25.96%；东北地区为1080.31万吨，占5.33%①（见表1）。

表1 不同地区农村生活垃圾产生量

地区	生活垃圾产生系数[千克/(人·日)]	2020年		2021年	
		农村常住人口（万人）	产生量（万吨）	农村常住人口（万人）	产生量（万吨）
全国	0.86	88481.79	28113.96	64626.47	20286.25
东部	0.96	30572.48	10712.60	21473.04	6260.93
中部	0.88	26233.95	8426.37	19492.30	7524.15
西部	0.77	26700.39	7504.14	18735.90	5265.72
东北	0.81	4974.97	1470.85	3711.78	1080.31

与城市垃圾相比，农村垃圾分布面积广、产生源分散，具有低厨余、低金属和高灰土的特点。与过去相比，农村生活垃圾的组成成分日益复杂化，不易分解的工业制品废弃物和有毒有害物质日益增多、品质较低，增加了处理和资源化利用的难度。研究表明，农村生活垃圾主要为有机垃圾，包括餐厨垃圾、庭院种植产生的秸秆、散养粪污等，占40%~50%；无机垃圾包括灰渣、砖石等，占20%~40%。我国不同区域农村生活垃圾在组分方面有着极为明显的差异，如北方许多农村地区燃料结构以煤炭为主，因而其生活垃圾中渣土含量较高②。随着农村生活垃圾分类收集体系的不断建设，农村生活垃圾产生量将进一步降低，垃圾清运量和处理量将大幅下降，同时有利于垃圾中的资源高效回收，促进资源节约型、环境友好型社会建设。

2. 全国农村生活垃圾治理情况

农村人居环境整治三年行动方案和五年行动方案实施以来，各地大力推

① 李丹、陈冠益、马文超、段宁：《中国村镇生活垃圾特性及处理现状》，《中国环境科学》2018年第11期。

② 唐林、罗小锋、张俊飚：《社会监督、群体认同与农户生活垃圾集中处理行为——基于面子观念的中介和调节作用》，《中国农村观察》2019年第2期。

进农村生活垃圾收运处置体系建设，农村生活垃圾得到收运处理的自然村比例保持在90%以上，较2017年底提高15个百分点以上，村庄环境基本实现干净整洁有序。垃圾处理体系不断完善，各地通过推广“户分类、村收集、乡转运、县处理”、城乡环卫一体化、分散收集处理等模式，全面推进农村生活垃圾收运处置体系建设。根据2021年《中国城乡建设统计年鉴》，我国农村生活垃圾处理率为91.10%，其中，东部、中部、西部、东北地区分别为95.72%、84.55%、84.26%和75.13%。全国农村生活垃圾无害化处理率为75.84%。其中，东部、中部、西部、东北地区分别为88.40%、58.84%、55.85%和58.98%①（见表2）。但目前我国垃圾分类水平仍然较低，混合收运方式依然是当前农村生活垃圾收集的主要方式，生活垃圾分类收运和资源化利用机制还不健全。各地采取有效举措，动员村民投身美丽家园建设，共建、共管、共评，强化村民垃圾分类意识，村民积极性不断提高。

表2　不同地区农村生活垃圾处理情况

地区	生活垃圾处理率(%)	生活垃圾处理量(万吨)	无害化处理率(%)	无害化处理量(万吨)
全国	91.10	18480.77	75.84	15385.09
东部	95.72	5992.96	88.40	5534.54
中部	84.55	6361.67	58.84	4427.34
西部	84.26	4436.98	55.85	2940.82
东北	75.13	811.67	58.98	637.17

（二）“十四五”以来相关政策及落实情况

1. 顶层设计不断完善

“十四五”以来，各级政府部门对标新时期新要求，不断加强农村生活垃圾治理顶层设计。中共中央办公厅、国务院办公厅印发了五年行动方

① 《2021年城乡建设统计年鉴》，住房和城乡建设部。

案，提出到2025年，农村生活垃圾无害化处理水平明显提升，有条件的村庄实现生活垃圾分类、源头减量，明确了“十四五”农村生活垃圾治理的总体目标和任务要求。生态环境部等5部门联合印发了《农业农村污染治理攻坚战行动方案（2021~2025年）》，提出协同推进农村有机生活垃圾、厕所粪污、农业生产有机废弃物资源化处理利用。住房和城乡建设部等6部门联合印发了《关于进一步加强农村生活垃圾收运处置体系建设管理的通知》，提出统筹谋划农村生活垃圾收运处置体系建设和运行管理、推动农村生活垃圾源头分类和资源化利用、完善农村生活垃圾收运处置设施、提高农村生活垃圾收运处置体系运行管理水平。总体上看，“十四五”以来，农村生活垃圾治理导向更加注重源头分类、与其他废弃物协同处理和建管长效机制建设（见表3）。

表3　国家出台的相关政策

发布时间	政策名称	相关内容
2020年4月	《中华人民共和国固体废物污染环境防治法》	第四章第四十六条中明确，地方各级人民政府应当加强农村生活垃圾污染环境的防治，保护和改善农村人居环境
2022年1月	《关于做好2022年全面推进乡村振兴重点工作的意见》	推进生活垃圾源头分类减量，加强村庄有机废弃物综合处置利用设施建设，推进就地利用处理
2021年2月	《中共中央　国务院关于全面推进乡村振兴加快农业农村现代化的意见》	健全农村生活垃圾收运处置体系，推进源头分类减量、资源化处理利用，建设一批有机废弃物综合处置利用设施
2021年11月	《中共中央　国务院关于深入打好污染防治攻坚战的意见》	因地制宜推进农村生活垃圾治理，改善农村人居环境
2021年12月	《农村人居环境整治提升五年行动方案(2021-2025年)》	巩固拓展农村人居环境整治三年行动成果，明确要健全生活垃圾收运处置体系、推进农村生活垃圾分类减量与利用，全面提升农村生活垃圾治理水平。到2025年，农村生活垃圾无害化处理水平明显提升，有条件的村庄实现生活垃圾分类、源头减量

续表

发布时间	政策名称	相关内容
2022 年 1 月	《农业农村污染治理攻坚战行动方案(2021~2025 年)》	健全农村生活垃圾收运处置体系,在不便于集中收集处置农村生活垃圾的地区,因地制宜采用小型化、分散化的无害化处理方式,降低设施建设和运行成本。加快推进农村生活垃圾分类,探索符合农村特点和农民习惯、简便易行的分类处理方式,减少垃圾出村处理量。协同推进农村有机生活垃圾、厕所粪污、农业生产有机废弃物资源化处理利用,以乡镇或行政村为单位建设一批区域农村有机废弃物综合处置利用设施
2022 年 5 月	《乡村建设行动实施方案》	健全农村生活垃圾收运处置体系,完善县、乡、村三级设施和服务,推动农村生活垃圾分类减量与资源化处理利用,建设一批区域农村有机废弃物综合处置利用设施
2022 年 5 月	《关于进一步加强农村生活垃圾收运处置体系建设管理的通知》	统筹谋划农村生活垃圾收运处置体系建设和运行管理、推动农村生活垃圾源头分类和资源化利用、完善农村生活垃圾收运处置设施、提高农村生活垃圾收运处置体系运行管理水平
2022 年 7 月	《关于健全完善村级综合服务功能的意见》	加快推进入户道路建设,扎实推进农村厕所革命,加快推进生活垃圾分类和资源化利用,全面提升农村生活垃圾治理水平,加快推进农村生活污水治理。同时,要整治公共空间和庭院环境,消除私搭乱建、乱堆乱放,开展绿化美化,建设绿色生态村庄
2022 年 12 月	《扩大内需战略规划纲要(2022~2035 年)》	实施乡村建设行动,完善乡村基础设施和综合服务设施,加强农村生态文明建设和农村人居环境整治
2023 年 1 月	《中共中央　国务院关于做好 2023 年全面推进乡村振兴重点工作的意见》	分类梯次推进农村生活污水治理。推动农村生活垃圾源头分类减量,及时清运处置

在国家相关政策文件指导下，各地也不断推动工作落实，出台了有力举措。2023 年，浙江省印发《关于高水平推进农村生活垃圾分类处理工作的

意见》，提出在总结推广“千村示范，万村整治”经验的基础上，全省创建省级高标准农村生活垃圾分类示范村 15000 个以上，农村生活垃圾分类处理率达 88%以上、回收利用率达 72%以上，实现自然村农村生活垃圾分类收运和处置体系综合提升基本全覆盖的目标。2022 年，重庆市印发了《重庆市城乡环境卫生发展“十四五”规划（2021~2025 年）》，提出健全完善农村生活垃圾收运处理体系，持续推进农村生活垃圾分类示范，规范引导村民正确投放生活垃圾，营造全民参与的生活垃圾分类氛围。同年，湖北省印发了《湖北省农业农村污染治理攻坚战实施方案（2021~2025 年）》，提出推进农村生活垃圾源头分类减量，加快探索符合农村特点和农民习惯、简便易行的分类处理模式，减少垃圾出村处理量。

2. 政策支持更加有力

近年来，国家加大农村人居环境整治和乡村建设资金投入。2019 年，国家启动农村人居环境整治整县推进项目，每年落实中央预算内投资 30 亿元，支持中西部省份（含东北地区、河北省、海南省）近 300 个县因地制宜开展农村人居环境基础设施建设，推进农村生活垃圾治理等重点任务。除了中央财政资金支持外，中央各部门出台了多项政策，引导撬动社会各级各类资金投入乡村建设。2021 年 4 月，农业农村部办公厅、国家乡村振兴局综合司印发了《社会资本投资农业农村指引（2021 年）》[①]，鼓励社会资本参与农村生活垃圾治理、项目建设运营，健全农村生活垃圾收运处置体系，建设一批有机废弃物综合处置利用设施。2022 年 12 月，中共中央、国务院印发的《扩大内需战略规划纲要（2022~2035 年）》明确提出，农业农村污染治理和乡村服务设施建设，将成为我国扩大内需战略中的重要投资领域。

各地财政也加大了对农村生活垃圾治理的支持力度，为生活垃圾分类、基础设施建设、收集处理体系运行管理等方面提供资金支持，撬动社会资本

① 《社会资本投资农业农村指引（2021 年）》，农业农村部办公厅、国家乡村振兴局综合司，2021。

投入，不断构建多元投入格局。辽宁省加快推进生活垃圾分类治理基础设施建设，筹措财政奖补资金 1.4 亿元，支持 13 市 73 县（区）3646 个行政村开展农村生活垃圾分类减量治理，并申报中央资金 1.5 亿元，对农村生活垃圾分类治理中转站及处理场建设予以总投入 25%左右的奖补，带动了 2000 多个行政村深入开展生活垃圾治理工作[①]。广东省设立农村生活垃圾处理设施建设专项资金[②]，支持全省欠发达地区建设生活垃圾焚烧发电厂、生活垃圾填埋场、乡镇生活垃圾转运站。新疆 2020 年投入 14.38 亿元用于农村生活垃圾收运处置体系建设。重庆市自 2016 年起市财政每年安排"以补促收"3000 万元，按照"户集、村收、乡镇转运、区域处理"的方式，健全"五有"[③] 收运处理系统。浙江嘉兴南湖区每年投入垃圾分类处理资金约 3000 万元，健全农村生活垃圾分类保障新体系，对开展定时定点投放改造的小区每个给予 5 万元补助，对开展智能化定时定点投放的小区每个给予 10 万元补助，构建了收运处信息化、标准化运作新网络。各地积极探索农业农村污染治理领域生态导向的开发（EOD）模式项目，撬动金融和社会资本投入农村生活垃圾等治理。

3. 技术推广成效突出

各部门积极总结凝练先进技术模式，并面向全国推广。

在垃圾分类方面，各地结合当地基础条件和区域特点，引进推广适宜技术模式。广东省农村生活垃圾治理基本建立"村收集、镇转运、县处理"收运处置体系，全省在运转的农村生活垃圾镇级转运站达 1538 座、村收集点达 32.6 万个。湖南长沙按照"全域覆盖、全民动员、全面推进"的思路，推行农户生活垃圾"三分法"，引导村民源头减量、就地生态处理。浙江金华在全国首次提出"二次四分"垃圾分类方法。江苏沛县采用"三分三定三全"法，引领全国农村生活垃圾分类工作。浙江省嘉兴市南湖区利

① 《积极支持城乡生活垃圾分类和治理》，http：//www. mof. gov. cn/zhengwuxinxi/xinwenlianbo/liaoningcaizhengxinxilianbo/202006/t20200618_ 3534746. htm。

② 《广东省省级农村生活垃圾处理专项资金管理办法》，广东省财政厅、广东省住房和城乡建设厅，2015。

③ "五有"指有稳定的村社保洁队伍、有专业的乡镇垃圾收运队伍、有达标的村级垃圾收集容器、有完善的垃圾转运设施设备、有规范的垃圾处理设施。

用科技赋能提效，打造全流程的智能收集、数字监督管理系统，实现农村生活垃圾的大数据精密智能控制，提升垃圾处理效能。

在垃圾处理利用方面，生态环境部连续发布了两批《“无废城市”建设先进适用技术汇编》[①]，第二批公布的53项“无废城市”建设先进适用技术，包括农村生活垃圾处理技术22项。农业农村部印发了《农村有机废弃物资源化利用典型技术模式与案例》[②]，组织遴选了4种农村有机废弃物资源化利用典型技术模式和7个典型案例，包括反应器堆肥技术模式、堆沤还田技术模式、厌氧发酵协同处理技术模式、蚯蚓养殖处理有机废弃物技术模式。住房和城乡建设部组织评选了北京市平谷区等41个县（市、区）农村生活垃圾分类和资源化利用示范县，为各地生活垃圾治理提供参考样板，并编制印发了《农村生活垃圾收运和处理技术标准》（GB/T51435-2021），为农村生活垃圾治理提供了规范依据。

在建设管护模式方面，各地积极探索推进市场化服务模式，健全人员队伍，构建长效运行制度。调研数据表明，全国有82.60%的行政村制订了农村垃圾集运处置管护制度。北京市昌平区推行“上门收垃圾，垃圾不落地”的管护机制，推行“两桶两箱”分类法，委托企业开展垃圾清运服务，并将有机垃圾就近堆肥还田利用，垃圾减量率达60%。贵州省六盘水市水城区委托第三方环卫企业进行垃圾转运和处理服务，各乡镇探索委托当地环卫保洁能人承揽保洁和前端其他垃圾的收运工作，由第三方环卫企业按每吨60元进行结算，不足部分由政府按照实施成效进行补贴，有效减少了垃圾转运费用，降低政府支出。湖南省湘潭市制定出台《湘潭市2021年推广完善农村生活垃圾处理付费服务机制行动方案》[③]，全面推广“居民付费、政府奖补”“一付一补”等农村生活垃圾处理付费机制。以上做法均为农村生活垃圾治

---

① 建议入选《“无废城市”建设先进适用技术汇编》（第二批）清单，生态环境部环境发展中心，2022。

② 《农村有机废弃物资源化利用典型技术模式与案例》，农业农村部办公厅、国家乡村振兴局综合司，2022。

③ 《湘潭市2021年推广完善农村生活垃圾处理付费服务机制行动方案》，湘潭市人民政府，2021。

理提供了经验借鉴。

4. 监督激励不断强化

农村生活垃圾治理是一项长期性、常态化工程，中央和地方各级政府都致力于建立长效监督激励机制，促进农村人居环境有效治理，美化乡村、促进乡风文明。国务院高度重视农村垃圾治理工作成果的监督激励，发布了《国务院办公厅关于对真抓实干成效明显地方进一步加大激励支持力度的通知》（国办发〔2018〕117 号），近五年开展了五次国务院大督查[①]，聚焦农村生活垃圾治理等，不打招呼，不走过场，随机选择检查对象，发现问题，立行立改，推动各地按时保质完成人居环境整治目标任务，同时对落实有关重大政策措施、真抓实干成效明显地方予以督查激励通报。目前国务院已经设立“互联网+督查”平台，开通了国务院“互联网+督查”小程序，网友可通过互联网直接反映农村生活垃圾处理的相关问题，平台对查证属实、较为典型的问题，予以公开曝光、严肃处理。同时，生活垃圾问题在中央环保督察工作组向各省区市反馈督察情况时频繁出现，2015~2023 年反馈的整改方案中，生活垃圾作为关键词普遍被提及，生活垃圾相关问题案例高达245 个[②]。各地也成立农村人居环境整治工作专班或领导小组，建立省、市、县、乡、村五级监督管理机制，对各村人居环境整治工作进行指导，并不定期开展监督检查。通过监督检查“回头看”和评比通报等方式，持续推进人居环境专项整治监督，动真碰硬发现问题，对标对表倒逼落实，为乡村振兴增添亮丽底色、注入新活力。

（三）不同区域农村生活垃圾治理进展

1. 东部地区

东部地区包括北京市、天津市、辽宁省、上海市、江苏省、浙江省、福

① 《国务院第五次大督查来了》，《华夏时报》，https：//www. chinatimes. net. cn/article/78374. html。
② 《中央环保督察曝光的生活垃圾问题（附 245 个案例）》，https：//zhuanlan. zhihu. com/p/624990573。

建省、山东省和广东省9个省（直辖市）[①]，东部地区普遍经济发展水平较高，农村生活垃圾收集处理在全国范围内较为先进。

收集转运。整体上东部地区农村生活垃圾分类及收转运体系比较健全，2020年底上海市95%以上行政村实现垃圾分类[②]，2022年底浙江省生活垃圾分类处理基本实现全覆盖[③]，“十三五”期间北京市99%以上的行政村生活垃圾得到治理[④]；同时，也有部分省份的农村生活垃圾分类水平较低，例如根据《广东省实施乡村振兴战略规划（2018~2022年）》的目标，2020年底广东省农村生活垃圾分类减量比例达到35%[⑤]。绝大部分东部地区农村生活垃圾集中收集的比例达到99%以上，北京市、上海市农村生活垃圾集中收集实现全覆盖。

垃圾处理。村级调研数据表明，东部地区建成有机废弃物综合处置利用设施的比例为37.63%。其中，江苏、山东两省建设比例较高，分别达到60.53%和53.13%。在生活垃圾处理技术方面，东部地区行政村中采用反应器堆肥技术的占有处理利用设施行政村的24.66%，采用堆沤还田技术的占36.99%，采用厌氧发酵协同处理技术的占5.47%，采用蚯蚓养殖技术的占1.38%。广东省普遍采用反应器堆肥技术，占比为85.73%；辽宁、福建、山东则多采用堆沤还田技术，占比分别为75%、63.64%和47.05%。

满意度调查。东部地区农村居民对村庄生活垃圾治理满意的比例达到69.23%，基本满意的比例达到20.53%，总体满意度达到89.76%。其中，上海、江苏、北京和山东等省市总体满意度较高，分别达到96.93%、96.77%、94.74%和93.53%。辽宁和广东省满意度分别为74.32%和

① 本分类中，将河北省、海南省归入中部地区，辽宁省归入东部地区。

② 《2020年上海市农村垃圾治理工作要点》，https://www.shanghai.gov.cn/nw12344/20200813/0001-12344_64678.html。

③ 《浙江：全省城乡垃圾分类处理基本实现全覆盖》，https://www.gov.cn/xinwen/2022-12/02/content_5729984.htm。

④ 《首都城市环境建设管理委员会办公室关于印发北京市“十四五”时期城乡环境建设管理规划的通知》，https://www.beijing.gov.cn/zhengce/zhengcefagui/202208/t20220805_2786440.html。

⑤ 《广东省实施乡村振兴战略规划（2018~2022年）》，广东省委、省政府，2019.

83.91%。村级调研数据表明，东部地区认为在农村垃圾治理方面需要提升的村比例达到 50.00%，其中，辽宁、广东两省的比例达到 81.25%和 70.27%。

2. 中部地区

中部地区包括河北省、山西省、吉林省、黑龙江省、安徽省、江西省、河南省、湖北省、湖南省和海南省 10 个省①。

收集转运。中部地区进行生活垃圾分类的行政村比例低于东部地区。其中，黑龙江省从 2019 年开始强力推进农村生活垃圾源头分类减量，2020 年实现减量 50%②；海南省 50%以上行政村建设了垃圾投放屋（亭）③；河南省 90%以上的村庄生活垃圾得到有效治理④；河北、安徽、海南生活垃圾集中收集的行政村比例达到 99%以上。湖南省长沙县首创农村生活垃圾治理“四蓝”（蓝桶、蓝屋、蓝车、蓝岛）体系，通过“农户分类投放、村镇二次细分、县市分类处理”，推动农村生活垃圾分类减量和回收利用，实现农村垃圾分类减量村全覆盖。

垃圾处理。村级调研数据表明，中部地区已经建设垃圾分类综合利用设施的行政村占比达到 35.56%，其中，黑龙江、河南两省在中部地区处于较高水平，分别达到 68.75%和 64.29%，河北不足 10%。从工艺选择来看，中部地区建设有机废弃物处理利用设施的行政村中，采用反应器堆肥技术处理有机废弃物的占 11.25%，采用堆沤还田技术处理有机废弃物的占 46.23%，采用厌氧发酵协同处理技术处理有机废弃物的占 8.75%，采用其他技术处理有机废弃物的占 33.75%，但未明确技术路径。大部分中部地区以采用堆沤肥技术为主，黑龙江、湖南和江西采用堆沤肥技术的比例分别为 72.73%、70%和 66.64%，江西有 33.36%的村采用反应器堆肥技术。

① 本研究将吉林省、黑龙江省归入中部地区。

② 《黑龙江推进农村生活垃圾治理 2020 年实现所有行政村全覆盖》，《中国建设报》2019 年 6 月 19 日。

③ 《关于做好 2023 年全面推进乡村振兴重点工作的实施意见》，中共海南省委海南省人民政府，2023。

④ 《河南省“十四五”乡村振兴和农业农村现代化规划》，河南省人民政府，2022。

满意度调查。中部地区农村居民对村庄生活垃圾治理满意的比例达到78.96%，基本满意的比例达到13.70%，总体满意度达到92.66%，高于东部和西部地区。其中，安徽满意度最高，达到98.93%。江西、河南、湖南三省高于96%。山西省满意度最低，仅为78.01%。村级调研数据表明，中部地区认为在农村垃圾治理方面需要提升的村比例达到48.00%，黑龙江、海南和江西分别为68.75%、66.67%和66.67%。

3. 西部地区

西部地区包括内蒙古、重庆、广西、云南、贵州、四川、西藏、陕西、甘肃、青海、宁夏、新疆12个省区市和新疆生产建设兵团。

收集转运。西部地区进行生活垃圾分类的行政村比例低于东部地区。2021年，青海省农村生活垃圾收集转运处置体系覆盖94.8%的行政村[①]。2021年，广西农村生活垃圾处理实现全覆盖，县域集中处理设施收集处理量占69.56%，小型设施设备处理量占30.46%[②]。2021年，西藏自治区自然村为19957个[③]，其中1620个村开展垃圾分类，占比为8.12%；5281个村设垃圾集中收集点[④]，占比为26.46%。陕西泾阳通过政府购买公共服务引入市场化服务解决农村生活垃圾治理难题，由第三方公司负责生活垃圾收集转运[⑤]，大幅提高了农村生活垃圾减量化、资源化处理水平。

垃圾处理。村级调研数据表明，西部地区已经建设垃圾分类综合利用设施的行政村占比达到28.68%，远低于东部和中部地区。其中，新疆、新疆生产建设兵团、重庆和青海达到了50%以上，比例分别为62.5%、55.56%、58.33%和50%，其余省份均不足50%。从工艺选择来看，中部地区建设有

① 《奋力书写大美青海生态底色——省直各单位用主题教育学习成效推动生态文明建设》，《青海日报》2023年7月14日，第1版。

② 《片区设施和村级设施等小型处理设施处理》，http：//www.gx.chinanews.com.cn/sh/2022-06-17/detail-ihazirna5780049.shtml。

③ 《2021年城乡建设统计年鉴》，住房和城乡建设部。

④ 《美了乡村　乐了乡亲——西藏自治区农村人居环境整治工作取得良好成效》，《西藏日报》2021年12月14日。

⑤ 《陕西泾阳：引入市场化服务解决农村环境卫生治理难题》，http：//www.shsys.moa.gov.cn/ncggfw/202003/t20200319_6339462.htm。

机废弃物处理利用设施的行政村中，采用反应器堆肥技术的占 13. 15%，采用堆沤还田技术的占 38. 15%，采用厌氧发酵协同处理技术的占 9. 21%，采用蚯蚓养殖处理有机废弃物技术的占 1. 32%，采用其他技术的占 38. 15%，但未明确技术路径。大部分西部地区宜采用堆沤肥技术，西藏和陕西全部为堆沤肥技术，广西和新疆采用堆沤肥技术的比例为 80%，甘肃和青海分别有 33. 33%和 37. 5%的村采用了反应器堆肥技术，新疆生产建设兵团有 40%的村采用厌氧发酵协同处理技术。

满意度调查。西部地区农村居民对村庄生活垃圾治理满意的比例达到 66. 22%，基本满意的比例达到 20. 42%，总体满意度达到 86. 64%，低于东部和中部地区。其中，重庆和新疆满意度最高，分别为 96. 78%和 96. 74%，其次为贵州、西藏和四川，均达到 93%左右，青海和新疆生产建设兵团满意度分别为 71. 73%和 73. 68%。村级调研数据表明，西部地区认为在农村垃圾治理方面需要提升的村比例达到 62. 26%，云南和广西最高，分别为 89. 29%和 81. 25%。

（四）主要技术模式

1. 集中收集处理

集中收集处理模式是指县一级实行统收统运，将城市的处置设施和管理模式覆盖到农村，统一收集、处置村镇垃圾，即“村收集—乡镇转运—县（市）统一处理”①。这种处理方式适合距离城市较近且经济发达的地区。集中收集处理的技术模式主要包括厌氧发酵协同处理、堆肥、焚烧、卫生填埋四类。

（1）厌氧发酵协同处理技术模式

厌氧发酵协同处理是将易腐垃圾、人畜粪污、农作物秸秆等有机废弃物，经过粉碎、除杂、调质等预处理后，置入发酵罐进行厌氧处理，可产

---

① 《加强农村生活垃圾收运处置体系建设管理　持续改善农村人居环境》，《中国建设报》2022 年 5 月 27 日。

生沼气和沼肥。常见的有干法和湿法厌氧发酵，设备基本组成包括原料预处理设施、进料设备、沼肥贮存设施、储气柜等。沼肥可还田利用或生产有机肥，沼气经过净化、提纯处理后可作为清洁能源使用（见图1）。该技术模式资源化利用效率较高，但对工艺稳定运行、安全管理等技术要求也较高，适宜原料供应充足、清洁能源需求大、农田消纳能力强的地区。例如，甘肃省武威市凉州区建设了沼气发酵工程，设计处理能力为820吨/日，目前实际处理有机废弃物350吨/日，覆盖全区17个乡镇约8万人。以处理畜禽粪污为主，协同处理易腐垃圾、厕所粪污、尾菜、农作物秸秆等有机废弃物。

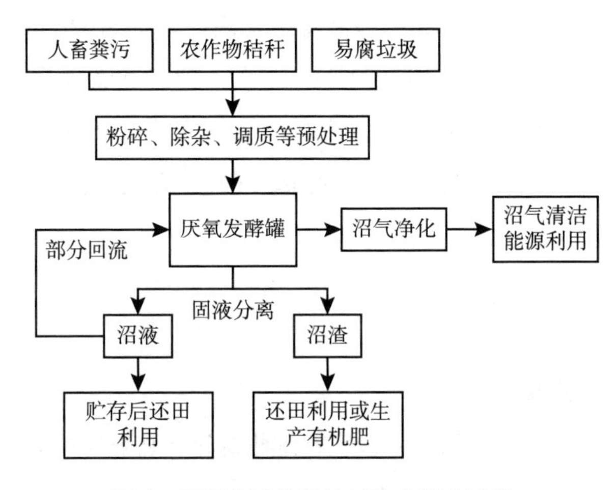

图1　厌氧发酵协同处理技术模式示意

（2）蚯蚓养殖处理有机废弃物技术模式

蚯蚓养殖处理是将易腐垃圾、畜禽粪污、农作物秸秆等有机废弃物，按照一定比例混合、高温发酵预处理后，经过蚯蚓过腹消化实现高值化利用。蚯蚓粪可还田利用或用于生产有机肥，成品蚯蚓可用于提取蚯蚓活性蛋白等。设备基本组成包括原料预处理设备、幼蚓养殖场地、繁育设施等（见图2）。该技术模式资源化利用效率较高、经济效益较好，但需配套土地用于蚯蚓养殖，并需采取污染物防控措施，对气候条件、养殖技术、管理水平要求较高。例如，天津市静海区建设日处理140吨有机废弃物蚯蚓堆肥工程，目前实际处理有机废弃物110吨/日，综合运行成本约75元/吨，覆盖34个村约3万人，主要处理畜禽粪污、农作物秸秆、厨余垃圾、尾菜等有机废弃物。年可产蚯蚓粪肥约1万吨，作为肥料销售；年可产鲜体蚯蚓约150吨，用于生产鱼饵和蚯蚓产品深加工。

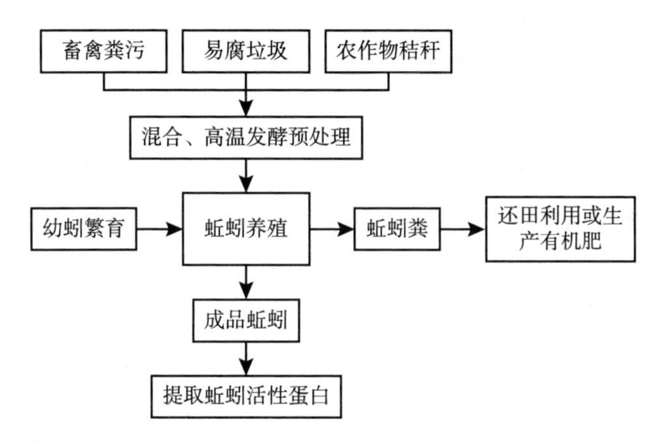

图2　蚯蚓养殖处理有机废弃物技术模式示意

（3）小型垃圾焚烧处理技术

农村小型垃圾焚烧炉垃圾处理量在300吨/日及以下，焚烧处理是将垃圾放在焚烧炉中进行燃烧，释放出热能，余热回收可供热或发电①。烟气经净化后排出，产生少量剩余残渣，可填埋处理或作其他用途。该技术处理量大、减容性好、无害化彻底，且有热能回收。设备由热解单元和烟气处理单元组成。垃圾经烘干—气化—碳化—灰化处理过程，实现减量化处理，体积减小95%，重量减轻85%。例如，广东乳源县垃圾焚烧处理项目设计处理垃圾300吨/日，建设2套生活垃圾湍动流化床（TFB）气化焚烧炉，配套水热裂解制有机肥系统设备1套，产生的热能用于供应工业蒸汽

① 《加强县级地区生活垃圾焚烧处理设施建设》，https：//www. mohurd. gov. cn/xinwen/gzdt/202211/20221130_ 769174. html。

以及配套生产 5 万吨/年有机肥。

（4）卫生填埋处理技术

卫生填埋场一般采用分层覆土填埋的方式对垃圾进行处理，配套设有渗滤液、填埋气体收集或处理设施及地下水监测装置，容易减少垃圾的污染。该技术操作设备简单、适应性和灵活性强，与其他方法相比，具有建设投资少、运行费用低的特点，可回收沼气，综合效益较好。如沈阳市康平县生活垃圾卫生填埋场，占地 145 亩，总库容 81.5 万立方米，处理能力约 150 吨/日，使用年限 12 年，服务乡镇 5 个，服务人口 9.98 万。

2. 分散收集就近利用

分散收集就近利用是将易腐垃圾分类后，进行就近处理就地利用的技术模式，已逐步成为热点。一些地方在县、镇和村同时设立生活垃圾治理设施，生活垃圾收运后，区分垃圾类别，在县、镇和村分别处置。在经济发展困难、距离城市较远、运输成本高的边远地区，宜采用就近简易处理的方式。这种技术模式主要包括简易堆沤、阳光堆肥房、反应器堆肥等三类。

（1）简易堆沤技术模式

简易堆沤是指以有机生活垃圾、农作物秸秆、人畜粪便等为原料，粉碎后按照一定比例进行混合，形成含水率 45%～65%的混合物料后，采用静态堆沤的方式进行处理。通过内部微生物的发酵代谢作用将有机物分解转化作为肥料使用（见图 3）。发酵过程应不少于 60 天，一般不进行曝气，可通过翻抛促进无害化和均匀腐熟，产出物可就近还田利用。主要设施为堆沤池或简易堆沤设备，还需配套建设原料暂存池、渗滤液贮存池等，建设投资一般为 5 万～30 万元/吨（日处理能力，下同）。该技术模式操作简单、建设和运行成本低，但发酵周期较长。例如，山东省日照市东港区农村生活垃圾处理站，通过村集体自筹、企业赞助、政府补助等投资 5 万元，建设易腐垃圾站，覆盖 1 个村 350 人，设计处理能力为 0.15 吨/日，目前实际处理有机废弃物 0.11 吨/日，年可产“土杂肥”约 20 吨，用于蔬菜、水果种植。

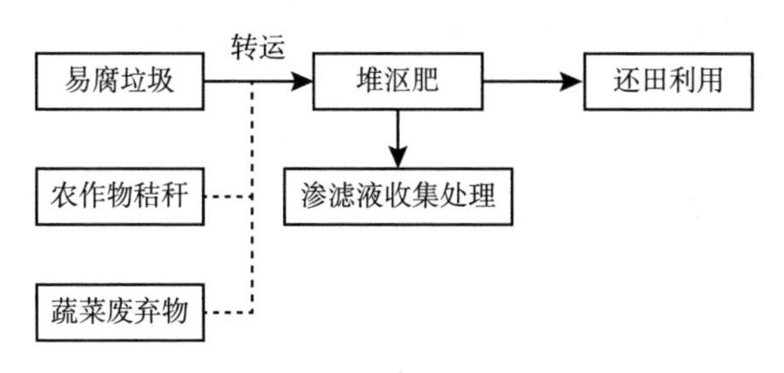

图 3　简易堆沤技术路线

（2）阳光堆肥房技术

阳光堆肥房是一种仓式静态好氧发酵工艺，堆肥房的屋顶由数块透明的太阳能采光板拼接而成，房内设置通风口、淋水喷头等供氧增湿装置，以及垃圾渗滤液收集设施。有机废弃物经过简单混合后，置入堆肥房，通过太阳能采光板加温、管道通风、添加高效微生物复合菌剂等实现发酵升温，将易腐垃圾转化为有机肥，发酵周期一般为 30～60 天。主要设施为阳光堆肥房，还需配套建设渗滤液贮存池等，建设投资一般为 40 万～60 万元/吨。该技术模式操作简单、建设和运行成本低，但发酵周期较长，适用于建设用地充足、光照资源丰富、垃圾分类较好的地区。例如，海南省琼中县在 18 个村建设阳光堆肥房处理设施，涉及 4185 户 16993 人，共投放垃圾分类收集车 21 辆、分类垃圾桶 10000 个。目前，易腐垃圾处理产生的有机肥累计达到 15 吨。

（3）反应器堆肥技术

堆肥反应器是具有好氧发酵功能的一体化密闭容器，常见的有筒仓式反应器、滚筒式反应器、箱式反应器等。以易腐垃圾、农作物秸秆、人畜粪便等为原料，经除杂、粉碎、混合等预处理后，调节含水率至 50%～65%，置入反应器进行堆肥。为实现病原菌灭活，反应器堆肥发酵温度达到 55℃以上的时间应不少于 5 天。发酵产物经腐熟后可就近还田，也可用于生产有机肥、栽培基质等（见图 4）。建设及设备投资为 50 万～80 万元/吨。该技术模式自动化水平高，便于收集处理臭气、渗滤液等污染物，建设成本较高，区域适应性强。例如，浙江省衢州市衢江区推广反应器堆肥设备，主要处理厨余垃圾等易腐垃圾，设计处理能力为 5 吨/日，2019 年投入运行，目前实际处理有机废弃物 1.2 吨/日，年可产有机肥 140 吨，用于周边园林绿化施肥，渗滤液处理达标后排入市政管网。

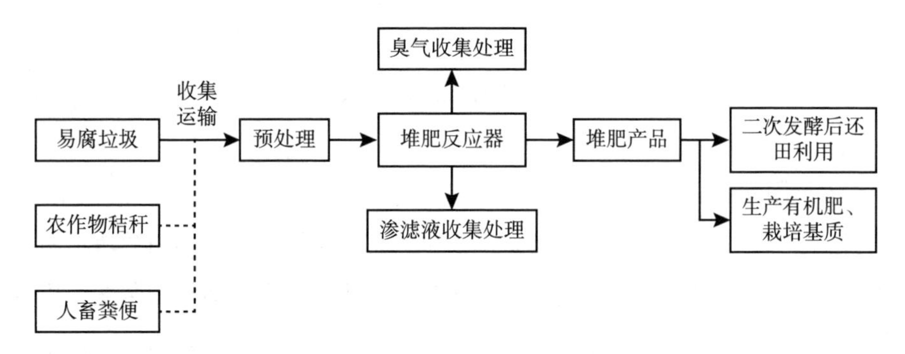

图 4 反应器堆肥技术路线

三 农村生活垃圾处理存在的问题与挑战

（一）农村生活垃圾收集处理仍然滞后

近年来，全国垃圾分类工作不断推进，但农村地区垃圾分类工作还处于探索阶段。由于我国农村生活垃圾量大面广、分布分散、运输距离远，部分地方盲目推行“村收集、镇转运、县处理”模式，增加了生活垃圾收集、运输的成本和工作量，同时也不利于资源回收利用。垃圾分类回收意识还需加强。多数农村居民对生活垃圾分类缺乏认识，生活垃圾分类意识薄弱。生活垃圾分类收集设施建设不足，一些地方采用敞开式垃圾收集池，垃圾收集点布局不合理、清运不及时，影响村容村貌。垃圾分类收集专业化、规范化、精细化水平还需提高。一些地方还存在分类好的生活垃圾被收集人员混装运走的现象，垃圾分类流于形式。

（二）有机垃圾处理技术水平还需提升

目前，农村生活垃圾多采用集中卫生填埋、焚烧等处理方式，重末端处置，轻资源化利用，造成了一定程度的资源浪费。有机垃圾适宜采用生物处理技术，进行就地处理和资源化，一些地方推行了简易堆沤发酵、阳光堆肥房、一体化堆肥反应器等技术设备，但水平仍需提升。例如，简易堆沤发酵处理时间长、无害化效率不高，限制了发酵产物的应用。北方寒冷地区堆沤设备在低温条件下应用效果较差，尚无解决措施。部分阳光堆肥房由于管理不当，也存在臭气污染严重、发酵效果较差的情况。同时，有机垃圾处理产物出路还需要规范和拓宽。一些地方推行农村有机垃圾与其他有机废弃物协同处理的模式，但农村垃圾作为有机肥原料时需要执行原料评估、产品登记等要求，降低了处理企业收集处理的意愿。源头分类不当或与其他垃圾长时间一起堆置后再分离，可能会导致污染物积累，影响发酵产物的质量，这也是限制有机垃圾资源合理利用的瓶颈。

（三）长期稳定运行机制尚未建立

近年来，随着农村生活垃圾治理工作的推进，大部分地方推行“村收集、镇转运、县处理”的模式，部分地方委托专业化第三方企业负责垃圾分类和转运，积累了一定经验。但目前，部分地方农村生活垃圾前端分类、中端收集、后端处理等关键环节运行管理机制还不健全，仍然存在重建设、轻管理的问题。一些地方生活垃圾治理体系不完善，仅对固定的某几个垃圾收集点进行收运处理。部分村庄设施设备齐全，但管理滞后或无人管理，垃圾清运不合格、保洁岗位未发挥作用，垃圾分类、回收、转运设施设备老化破损。部分地方财政薄弱，村集体经济不强，保洁人员队伍不健全，经费保障不足，垃圾收集转运和处理系统持续运行困难。部分地方对群众引导不足，村民积极参与生活垃圾治理的格局尚未形成。

四 进一步推进农村生活垃圾处理的对策建议

（一）强化顶层设计，探索推动新抓手

围绕落实《农村人居环境整治提升五年行动方案（2021-2025年）》明确的目标任务，统筹县、乡、村三级生活垃圾收运处置设施建设和服务，进一步扩大农村生活垃圾收运处置体系覆盖范围。统筹各部门力量，加强沟通、形成合力，加强资金整合支持，启动建设一批农业农村废弃物循环利用示范县，支持重视程度高、发展基础好的县，按照垃圾分类收集、有机垃圾就近利用、高效转运、末端治理等环节，推进基础设施完善提升，建设一批农业农村废弃物协同处理中心，培育一批社会化服务主体，因地制宜总结凝练一批区域典型技术路径，开展技术经济性评价分析，促进关键环节节本增效，形成可复制、可推广、可持续的农业农村废弃物资源化利用模式。

（二）加强科技创新，破解技术瓶颈

加强农业农村废弃物协同处理及资源化利用科技创新支持，因地制宜研究生活垃圾收集转运技术，研发一批小型化、成本低、环保型的生活垃圾处理设备，突破物料发酵处理、二次污染减控、发酵产物安全还田利用等关键技术瓶颈，开展发酵产物还田利用污染风险评估及安全农用技术研究。研究构建适宜不同区域、不同类型村庄的生活垃圾收储运和资源化利用技术模式，并进行示范推广。推动建立农业农村废弃物资源化利用标准体系，尽快完善农村生活垃圾分类回收、农村多原料有机废弃物协同处理及农田施用等标准规范，加强耕地质量监测和污染主体责任认定管理，促进农村有机废弃物处理和资源化利用。

（三）推进市场化运作，构建长效机制

加快探索构建垃圾分类—有机垃圾收集—处理—还田利用运行管理体

系。注重运用互联网、大数据等新型手段，加强村容村貌监管，提高运行效能。加强市场化运作的探索，引进专业企业承担农村垃圾收运处理，采用政府主导下的市场化模式，采用 BOT、PPP、EOD 等模式进行设施建设和运行。培育社会化服务主体，构建合理的市场化运作机制，积极引入社会资金，提高设施运营效率。建立评估与监督机制，确保垃圾治理成效的长久性。

（四）强化科普推广，引导公众参与

加强有机垃圾资源循环利用科普推广，发挥专业团队和地方科技推广人员力量，编创科普作品，对垃圾分类、有机废弃物处理、还田利用等进行科学普及，引导农村居民积极参与，提高其环保意识和资源循环利用意识。加强对基层领导干部和群众的环境保护意识培育工作，定期开展培训学习，推动其从思想上重视农村环境的建设和保护。加强宣传引导，充分利用地方电视台、地方报纸、村广播、村头标语等开展农村垃圾分类和就地就近利用科普宣传，加强有机垃圾资源循环利用科普推广，对垃圾分类、有机废弃物处理、还田利用等进行科学普及，通过举办农村美丽庭院评选、设置环境卫生光荣榜等，增强农村居民参与农村人居环境整治提升的获得感、荣誉感。

主题报告

Theme Reports

G.6

农村人居环境长效管护机制现状、问题及建议

刘建艺*

摘　要： 建立健全农村人居环境长效管护机制是巩固提升农村人居环境整治成果的重要内容。当前，我国农村人居环境长效管护的政策框架逐步搭建，管护标准规范有所增加，社会化服务逐渐兴盛，管护资金投入不断加大，信息化监管水平不断提升。本文分析我国农村人居环境长效管护机制现状，并参考国外相关管护经验，识别出我国在农村人居环境系统治理、多主体协同、村庄组织管理效率、设施建后管护标准制度、运行管护经费保障等方面值得注意的问题。提出建立"统筹"和"放权"相结合的管护制度，推进宏观与微观相结合的管护标准和规范建设，打造社会力量与行政力量相结合的长效管护队伍，制定短期和长期相结合的管护经费保障办法，完善法治与共治相结合的监督机制等对策建议。

* 刘建艺，农业农村部成都沼气科学研究所助理研究员，主要研究方向为农村与区域发展。

关键词： 农村人居环境　长效管护机制　共治共享

一　长效管护机制现状

（一）政策框架逐步搭建

2019年，国家发展改革委、财政部两部门印发的《关于深化农村公共基础设施管护体制改革的指导意见》，指出各地应建立设施建设与管护机制同步落实制度，在项目规划设计阶段，要明确设施管护主体、管护责任、管护方式、管护经费来源等，在项目竣工验收时，同步验收管护机制到位情况。2021年底，中共中央办公厅、国务院办公厅印发的《农村人居环境整治提升五年行动方案（2021-2025年）》提到，确保到2025年，有制度、有标准、有队伍、有经费、有监督的农村人居环境长效管护机制基本建立。2022年5月，中共中央办公厅、国务院办公厅印发《乡村建设行动实施方案》，明确指出要秉行“建管并重、长效运行”的工作原则，坚持先建机制、后建工程，统筹推进农村公共基础设施建设与管护。这些文件和政策在促进农村人居环境公共基础设施管护体制建设方面发挥了重要作用。

在宏观政策引导下，各地开始认识到农村人居环境整治设施运行管护机制的重要性，“建管并重”理念逐渐深入基层。部分地区开始全面摸查辖区农村人居环境公共基础设施管护家底，例如江苏省将农村生活垃圾收集、转运和处置设施以及农村公厕、农村路灯等设施纳入管护清单，要求县级政府制定本县范围内农村公共基础设施管护清单。部分地区制定了按各领域细分的农村人居环境管护实施细则，例如河南省印发《河南省农村生活污水处理设施运行维护管理办法（试行）》、安徽怀远县出台了《怀远县农村改厕后续管护工作方案》。部分地区把村庄环境长效管护工作纳入农村人居环境整治、乡村振兴、高质量发展等多项工作的考核评价体系。

（二）管护标准规范有所增加

建立健全管护标准规范是为农村人居环境管护制度建设打好基础，只有明确各个管护项目的具体要求，才能有的放矢、稳步推进。在农村厕所管护方面，《农村三格式户厕运行维护规范》重点就农村三格式户厕的日常使用、粪污管理、维护、应急处置等内容进行了规定，《农村厕所粪污无害化处理与资源化利用指南》指导地方做好改厕后的粪污管理。在农村生活污水治理方面，《农村（村庄）河道管理与维护规范》引导农村河道规范化管理，2022年新增团体标准《农村生活污水处理设施运行维护技术指南》。在村容村貌提升方面，农村公共空间类型多样，相关标准也较多，2022年新增了《农村文化活动中心建设与服务规范》《农村环卫保洁服务规范》。

“上面千条线，底下一根针”，对基层来说，各地村庄发展水平不一，很难建立统一的管护标准与规范，对此，部分省市按村庄分类制定实施相应管护标准。例如无锡市将村庄划分为三类，分别是规划发展村庄、一般村庄以及拟于2025年前拆迁到位的村庄，不同类型村庄有不同的管护内容，最后要达到的管护标准也不一样。

（三）社会化服务逐渐兴盛

社会化服务已在农村人居环境整治各领域开展，越来越多的农村人居环境基础设施交由第三方专业服务机构负责日常运维。相对来说，村庄保洁和农村生活垃圾收运更广泛地采用社会化服务，有的地方以县域为单位，实现城乡生活垃圾收运处理设施建设和运行一体化；有的以乡镇为单位，在县域范围内选择多家企业承担收运和处理服务，由各乡镇根据各自情况选择服务企业[①]。集中式农村生活污水处理设施和农村公共厕所也通常委托第三方专业机构开展运行维护。随着农村劳动力不断外流及农村土地规模化经营，农村卫生户厕的检查维修、粪渣粪液收运和回收利用等工作，也越来越多地由企业或个人承包。

---

① 《加强农村生活垃圾收运处置体系建设管理　持续改善农村人居环境》，《中国建设报》2022年5月27日。

（四）管护资金投入不断加大

农村人居环境管护投入的资金渠道不断在扩展，除政府资金投入外，还获得了社会赞助投资、村集体收入补贴、农民筹资筹劳付费等多渠道支持，但目前来看，仍主要依靠政府的转移支付。国家发展改革委设立的农村人居环境整治中央预算内投资专项、中央财政安排的农村厕所革命整村推进财政奖补资金、中央财政设立的农村环境整治资金，均可用于保障农村人居环境基础设施运行。

省、市、县三级对农村人居环境长效管护资金投入也持续增加，多数地区已将农村人居环境长效管护经费纳入本级财政预算，实行专款专用。在管护经费的核定上，有的地区以常住人口为基础，例如江苏省无锡市按长效管护整治范围的常住人口每人每年不低于 50 元的标准安排长效管护经费；有的地区对行政村实行经费包干制，例如江西省由省、市、县、乡四级统筹落实每个行政村每年不低于 5 万元的管护资金。

（五）信息化监管水平不断提升

农村人居环境整治中基础设施管护工作的监督考核正在向着数字化、智能化方向发展。农村人居环境监测方面，多地在探索建立农村人居环境管护综合性平台，利用互联网、大数据、人工智能等先进科技手段，全方位、全天候动态监督管理设施状态及运行情况。农村人居环境管护服务方面，部分地区农村改厕管护服务站也实现户厕检查维修、粪渣粪液收运和回收利用等工作的在线受理、实时督办与效果点评。例如，石家庄市新乐市每户新改厕所，都连上了智慧管护平台，扫二维码或打电话便能呼叫专人来处理①。同时，在农村人居环境共建共享方面，智能化平台能让农户便捷了解国家大政方针、参与村庄大事小情决策、合理合法反映自身诉求。

---

① 《资金直补到户　长效智慧管护——我市推进农村改厕工作改善人居环境》，https：//www.sjz.gov.cn/col/1609405465981/2021/10/20/1634692989453.html。

专栏1　江西省农村人居环境万村“码上通”平台

2019年，江西省农业农村厅联合中国电信江西公司率先搭建省、市、县三级统一监管平台——江西省农村人居环境“码上通”平台，引导农民群众参与农村人居环境整治监管。平台运用物联网等新技术手段，实现农村精细管理、群众便捷上报、问题及时处理和长效管护科学化目标。

截至2022年底，江西省所有涉农县（市、区）5G+长效管护平台均已建成；平台监管自然村数量达16万个，平台关注量突破620万人，受理问题36万件，问题处理完结率、群众好评率始终保持在95%以上，形成了村庄环境长效管护省市县三级“一网统管”的新格局。

资料来源：《我省村庄环境长效管护实现“一网统管”》，http：//www.jiangxi.gov.cn/art/2023/5/30/art_393_4477687.html。

二　长效管护机制的经验借鉴

（一）日本净化槽相关制度体系建设

20世纪60年代，日本净化槽技术出现，并开始迅速推广。日本与净化槽运行管理相关的法律法规包括《净化槽法》《建筑标准法》《废扫法》，其中《净化槽法》是日本农村分散污水治理的主要法律依据，于1983年出台，并分别于2000年、2005年、2014年进行了3次修订①。《净化槽法》旨在规范和管理污水净化槽及相关污水处理设施的制造、安装、维护和监督。

① 任海静：《日本净化槽管理体系对我国农村污水处理行业管理的经验借鉴与启示》，《建设科技》2019年第22期，第68~70页。

日本有较完善的技术标准用于指导和规范净化槽的设计、生产和新产品开发。首先，从构造和性能上大致将净化槽分为两大类，一类是根据日本国土交通省颁布的《净化槽构造标准》来设计制造的净化槽，被称为标准构造型净化槽；另一类是性能认定型净化槽，是由净化槽厂家自主开发，经第三方机构依据《净化槽性能评价方法及细则》进行性能评价，性能评价合格后，获得国土交通省认证，进而获得产业化生产资格的产品。最近几年随着净化槽技术的迅速发展，采用新技术的性能评价型家用净化槽在新安装的净化槽中占比达95%左右[①]。除此之外，为了严格执行《净化槽法》的相关规定，日本环境省还颁布了净化槽施工技术标准、净化槽维护检查技术标准、净化槽清扫技术标准和净化槽使用准则等一系列实施细则[②]。

日本通过标准规范和法律约束，有力地支持了乡村污水的全面治理。中国农村人居环境建设和管护，也应完善相关法律法规，目前中国尚没有一部针对农村人居环境的法律法规，相关条文多包含在其他法规之中，缺乏系统性、有针对性的具体规定[③]。我国应当在完善基本法律的基础上，制定一批具有针对性的专门法，对相关行业进行规范。

（二）美国农村生态环境管护政策

美国的生态环境保护是一场自下而上的全民运动，民间组织和公众是主力军，而官方的作用主要是立法、执法以及投资等。

体制建设方面，美国联邦政府于 1970 年正式成立了一家独立执行机构——美国环境保护署（EPA），EPA 拥有独立的环境保护立法权、执法权。立法人员依据科学实验，得出精准法律法规数据。在生态环境执法过程中，必须有受过高等教育的执法官员、律师及各方面的技术专家同时参与，且生

---

① 《局限与突破：农村污水治理的技术探索》，https：//huanbao.bjx.com.cn/news/20200305/1051062.shtml。

② 任海静：《日本净化槽管理体系对我国农村污水处理行业管理的经验借鉴与启示》，《建设科技》2019 年第 22 期，第 68~70 页。

③ 冯红英：《乡村人居环境建设的国际经验与国内实践》，《世界农业》2016 年第 1 期，第 149~153 页。

态执法的信息必须公开、透明，接受各行各界的监督和制约①。此外，美国民间生态环保组织已经成为保护生态环境的一支重要队伍，发挥着政府和企业难以发挥的功能。

法律体系建设方面，在EPA的领导下，美国的保护政策措施整体上以立法为基础。1969年，美国颁布《国家环境政策法》，确定国家环境保护的准则；1977年，美国颁布《清洁水法》，明确规定企业废水的排放标准；之后又陆续出台了《环境教育法》《污染预防法》《能源法》等法律法规，为农村生态环境治理提供了有力的法律支撑②。

生态环境教育方面，为提高公众环保意识，引导社会公众参与生态环境治理，美国政府采取多项举措来保障生态环境教育。一是制定了《卓越环境教育指导方针》，包括早期教育、K-12教育、非正式教育、环境教育教师发展、社区参与、环境教育教学材料等方面的最佳理念与实践案例③。二是建立生态环境教育激励机制，设立生态环境教育奖项，表彰生态环境教育模范，鼓励专业人士从事生态环境教育工作。三是多渠道筹措生态环境教育资金，由政府、非政府组织、环保人士共同提供生态环境教育资金。

（三）欧盟LEADER项目促进乡村地区综合发展

LEADER之名源于法语Liaison Entre Actions De Développement Rural，意思是“农村地区发展行动联合”，意在联合农村地区广泛的利益相关者共同参与区域发展决策和实施过程。欧盟于2007年将LEADER项目纳入农业政策，并要求每个成员国（或其所属区域性）用于支持LEADER项目的资金不低于各成员国农村发展预算的5%。

LEADER项目的运行重点是在划定特定领地范围的基础上，该地区内三

---

① 祝镇东：《美国生态环境保护的经验及其对中国生态文明建设的启示》，《经营管理者》2015年第12期，第179~180页。

② 王丽芳：《黑龙江省农村生态环境政府治理的路径研究》，哈尔滨商业大学硕士学位论文，2022。

③ 汪明杰：《美国环境教育趋势分析：可持续导向的文化创新路径》，《世界教育信息》2018年第22期，第7~13页。

个部门（公共行政、私营/经济部门和民间社会）的地方行动者采取自愿参与的方式进行网络式协作。各行动主体结合地区实际情况，共同提出乡村发展计划，由欧盟负责乡村发展项目的批准并提供部分资金支持。LEADER 项目首要特征是将乡村发展的框架置于地区范围之内而非笼统的部门框架内。LEADER 项目的目标区域是根据某一领地范围内所拥有的某一具有地方性、同质性、认同感的特质而划定的①，有时甚至会打破行政边界。

LEADER 项目另一个显著特征是区域发展计划的拟订与实施是“自下而上”的。地方行动者联合行动，建立起伙伴性关系的地方性行动组织（LAG），并且为保证民间团体在决策层面上有足够发言权，社会团体和个人等民间力量必须占整个 LAG 最少 50%的名额②。地方性行动组织通过识别目标区域的长处、弱点、危机、机会以及内生的潜力，制定本地的发展战略，并在成员国规定的监管框架内实施。发展计划的具体执行，则由 LEADER 项目的区域管理人协调负责。区域管理人一般是从当地选拔出来的，承担法律上的责任，受到 LAG 小组和公众的监督③。地方性行动组织还被赋予了很多的管理责任，如项目筛选、资金支付、监督、控制和评估等④。

LEADER 方案下，农村发展的决定权越来越多地由国家转向其他多方参与者，当地的利益相关者通过合作项目而团结起来⑤。这对于我国农村人居环境长效管护的启示是，采取“自下而上”的方法让当地群众参与农村地区发展的决策和管理，能充分调动当地民众和各类专业服务主体的积极性，获得比较好的政策效果⑥。

---

① 王战：《欧盟乡村治理模式与理念的转型》，《人民论坛》2022 年第 10 期，第 100~104 页。

② 朱洁、阳文锐、杨林：《欧洲乡村可持续发展经验及对首都乡村建设启示研究》，《小城镇建设》2021 年第 4 期，第 111~119 页。

③ 孔洞一：《欧盟乡村发展的一个成功策略：LEADER.》，http：//jer. whu. edu. cn/jjgc/5/2016-01-21/2295. html。

④ 张城国：《欧盟的农村发展实践——以 LEADER 系列计划为例》，《世界农业》2011 年第 8 期，第 10~15 页。

⑤ 王战：《欧盟乡村治理模式与理念的转型》，《人民论坛》2022 年第 10 期，第 100~104 页。

⑥ 叶兴庆、程郁、于晓华：《产业融合发展　推动村庄更新——德国乡村振兴经验启事》，《资源导刊》2018 年第 12 期，第 50~51 页。

专栏2　欧盟LEADER项目案例

一、杜塞尔多夫的Amsberg小镇LEADER项目。该镇就村庄养老、交通、旅游、环境、设施缺乏的问题，广泛听取并吸纳村民意见，围绕村民最关心的问题，编制项目策划书，成功获得欧盟LEADER项目资助，兴办了村民活动中心、养老院、博物馆、图书亭等公共服务设施，有效提升了村庄公共服务的整体水平。

二、萨克森州Zweistromland-Ostelbien双河流域地区的LEADER项目。该项目区面积为919平方公里，涉及2个县的13个乡镇187个社区，居住人口为7.7万人，其中5.2万人居住在乡村。为吸引年轻人回乡就业和生活，该区域确定了以乡村休闲旅游为重点的发展路线，以其具有500年历史的特色渔业为基础，通过修缮老风车、改造废弃房屋为骑马俱乐部、改造民居为家庭旅馆和酒店等，完善观光、娱乐、餐饮住宿等旅游服务功能，并成立了10个旅游协会联合申请项目进行系统打造。2014~2020年，该地区获得的LEADER项目支持资金总额为1450万欧元，除此之外还获得欧盟32.5万欧元的农业产业项目资金支持当地特色渔业发展。随着产业功能的强化和居住环境的提升，2015~2018年该地区吸引了40个青年家庭落户生活。

资料来源：刘荣志：《德国乡村发展的做法及启示——赴德乡村建设规划标准体系培训情况报告》，《农村工作通讯》2019年第6期，第61~64页；叶兴庆、程郁、于晓华：《产业融合发展　推动村庄更新——德国乡村振兴经验启事》，《资源导刊》2018年第12期，第50~51页。

三　建立健全长效管护机制值得注意的若干问题

（一）从面上清洁到系统治理

随着我国农村人居环境建设进入系统提升、全面升级的新阶段，在解决突出人居环境问题的同时，也要注重点面结合、标本兼治，更加强调将系统观念贯穿到农村人居环境整治和提升全过程。

从后续管护方面来看，农村人居环境管护内容、管护范围、管护机制都在朝着系统治理方向不断拓展和深化。首先，管护内容由“清污”向“美化”拓展。在持续深化农村户厕管护、生活垃圾污水处理设施运维等重点任务的同时，各地结合发展现状不断细化创新任务以实现村庄环境整体营造、农户庭院打造，村庄道路及路灯养护、绿化养护、河道管护等正陆续被纳入管护清单。其次，管护范围由村庄面上清洁向屋内庭院、村庄周边拓展，各地持续开展村庄清洁行动和美丽庭院示范创建活动，推进道路、庭院、环村绿化和公共绿地建设。农户负责庭院清洁及美化，做到房前屋后干净整齐；村庄落实环境卫生制度，确保街头巷尾清洁畅通。最后，管护机制也从初步探索向促进长治长效深化。农村人居环境整治初期，农村基础设施“建而不管”的现象普遍存在。此后多年，各地摸着石头过河，建队伍、定责任、配资金、树典范、抓考核，经过不断实践探索，各地逐渐就“建管并重”理念达成共识，基本建立起农村人居环境管护制度，不断向常态化、长效化管护迈进。

需注意的问题有三点。一是有的地区村庄建设缺乏整体布局，也缺乏部门间协同，单个项目虽是“先规划后建设”，但当各部门各类设施建设项目在村庄“全面开花”时，没有综合考虑给排水、植被绿化、社区活动场所、农业废弃物处理、生活垃圾处理、厕所改建、畜禽养殖粪污处理等所需的配置，导致工程项目无序建设。二是从空间上看，区域间的管护水平不平衡问题仍旧严重，东部地区好于西部地区，南方地区好于北方地区，经济发达地区好于欠发达地区，城镇周边好于偏远乡村①。三是非脱贫县和非脱贫村值得关注，我国刚取得了人类历史上非凡的减贫成就，在举国体制下，向脱贫县和脱贫村倾斜了大量资源，这些地区人居环境基础设施有明显改善，也得

① 《擦亮环境底色，建设和美乡村——农村人居环境整治提升情况调查》，《光明日报》2023年5月25日，第7版。

益于扶贫政策的继续支持，它们在管护方面也有相对多的资金来源，反而是非脱贫县和非脱贫村的农村人居环境系统治理水平不高，管护体制机制建设还较迟缓①。

（二）多中心治理下的多主体协作

多中心治理理论强调平衡政府统合性力量与社会自主性力量，注重多主体协作的重要性②。基于我国农村发展现状，实现农村环境多中心治理的内涵在于：以政府为核心，鼓励农村居民、企业、社会组织等参与，并且通过多主体参与，政府的核心地位变得更加稳固。

经过长期的实践，基层政府与村两委之间已经建立了相对完善的协作机制；政府与企业的合作多以政府采购服务形式引入第三方公司参与农村生活垃圾、农村污水以及厕所粪污管理，此方式一定程度上实现了效益最大化。政府的核心作用还体现在吸引和组织新乡贤、爱心组织等，通过捐赠和结队帮扶等形式，支持改善农村人居环境。例如，驻马店市蚁蜂镇胡楼村某乡贤为家乡捐赠红枫 600 棵，为家乡人居环境改善添砖加瓦③。

目前，多元治理主体在管护方面也面临不同程度的协同困境。一是在政府维度依旧存在部门间统筹不足的问题，例如，在对基层农村人居环境长效管护的考核问题上，因各相关部门都有部分资金分配到基层，它们均会进行专项考核。此外，各部门通常对基层还有专门的村庄进行长效管护考核，长效管护考核内容与部门专项考核内容上有交叉，造成资源和人员的浪费。二是广泛采用专业化、市场化的社会化服务后，各级政府与企业间的协作有待加强，政府有关部门、乡镇和行政村以及农民群众需共同加强对第三方公司的监督管理，强化日常工作检查，目前很多地方缺少对第三方企业服务质量

---

① 《擦亮环境底色，建设和美乡村——农村人居环境整治提升情况调查》，《光明日报》2023年5月25日，第7版。

② 张岳、冯梦微、易福金：《多中心治理视角下农村环境数字治理的逻辑、困境与进路》，《农业经济问题》，网络首发时间2023年9月5日。

③ 《乡贤厚植乡愁沃土　助力人居环境整治》，http://hnzmd.wenming.cn/wmcj/wmcz/202204/t20220413_7569000.shtml。

的考核评估办法，难以保证企业的服务质量满足要求。三是基层政府及村两委鼓励农民参与管护的一些举措缺乏人文关怀，例如，部分地方在“红黑榜”的评价机制下，将整治效果与耕地保护基金发放等挂钩，这不仅会让农民对人居环境整治工作产生反感，也与以人民为中心的发展思想不相符。四是农村社会组织参与农村人居环境管护的困境，农村社会组织参与农村人居环境管护缺乏足够资金和人员保障，且开展工作时对行政权力有着很强的依赖性。我国环保公益组织规模小、资金筹集量少，群众参与民间组织的人数少。而在一些发达国家，民间生态环保组织已经成为保护生态环境的一支重要队伍。

（三）提高村庄组织管理效率

在生态宜居美丽乡村建设的指引下，农村人居环境治理撬动了整个基层治理格局，吸纳了基层大量的治理资源，如何使这些资源发挥最大效益考验着村庄的组织管理水平。当前，我国农村提高组织管理效率的方式主要有以下几类。一是利用微信群和公众号，建立村庄信息化沟通平台，实现村庄信息化管理和服务。二是健全村庄管理体制，因地制宜创新乡村治理体系，例如江西省赣州市章贡区水西镇石甫村莲塘组成立了由各类乡贤组成的莲塘组乡村文明理事会，在理事会的操持下，农村人居环境长效管护、卫生费收取、杜绝高价彩礼、倡导厚养薄葬等文明乡风渐渐成形①。三是发挥居民自治作用，积极引导农民参与人居环境长效管护。例如，四川省雅安市名山区解放乡高岗村以组织带动为引领，从制度设计、项目实施推进、日常监督、资金筹措等入手，全方位构建农民自主参与机制，有效激发了农民参与的内生动力，从而实现农村环境治理政策的有效落地②。

需关注的是，基层政府在农村人居环境整治中要谨防管护过密化。“过密化”原本是用来描述农业生产中劳动力投入“有增长无发展”现象的，

---

① 王为民：《江西赣州：发挥乡贤作用　助力乡村振兴》，《赣南日报》2022 年 9 月 11 日。

② 郭晓鸣、骆希：《农村人居环境治理的高岗村模式》，《农民日报》2020 年 10 月 17 日。

后来逐渐被应用到基层治理领域，意为基层治理的内卷与低效，是一种“高投入、低效率”的治理模式[①]。

公益性岗位应发挥更好作用。公益性岗位是用于安置就业困难人员的岗位，开发利用好公益性岗位，有助于合理设置村级农村人居环境整治管护队伍。村两委应做好在岗人员管理，公益性岗位人员使用合理的村庄，村庄清洁以及生活垃圾收集压力大大减轻。必要时，也可从县级层面进行改革，江西省武宁县开创的“多员合一”生态管护新模式便是一例。

专栏3　江西省武宁县“多员合一”生态管护模式

武宁县本着“依事定员”原则，按照农村服务人口2‰~3‰的比例全面整合原有护林员、养路员、保洁员、河道巡查员、网格管理员等队伍[②]。整合后的生态管护队伍力量，人数由2219人精减至779人，收入由每人每年三五千元提高至每人每年2万元，提高了生态管护员的工作热情。全县总体投入由原来的每年2000万元下降至1700万元。政府既集中了工作力量，提升了工作效率，又减轻了财政压力，实现资源、资金使用效益最大化。

资料来源：《“多员合一”开创生态管护新格局——武宁县大力推进生态管护员制度的创新实践》，http：//nync. jiangxi. gov. cn/art/2022/9/9/art_ 70552_ 4138571. html。

要正确处理提升村容村貌和保障农民需求的关系。不能因一味追求村容村貌统一而忽略农民生产生活需求，应允许村民在合法、经审批的宅基地上建设雨棚、农具房、柴房等生产生活设施。从法理上讲，农村村民依法取得的宅基地和宅基地上的住宅及其附属设施受法律保护。从情理上讲，农民自

① 冷波：《农村人居环境治理过密化及其解释》，《内蒙古社会科学》2022年第3期，第156~162页。

② 曹高明、邵猷芬：《武宁县立足生态优势　打造宜居宜业美丽乡村》，《老区建设》2022年第12期，第25~27页。

建的这些设施是符合其生活习惯的，也表达了他们对舒适人居环境的追求。例如，调研中了解到，农户建设庭院雨棚是为了避免庭院地面长青苔，减少雨天走路摔跤的风险。所以，对于这类设施，应引导村民进行规范化、标准化建设，而不应一味让农户拆除构筑物。

（四）完善设施建后管护标准制度

农村人居环境“三分靠建，七分靠管”，而如何为“管好”，需要一系列标准来衡量。2021 年初，市场监管总局等七部门印发《关于推动农村人居环境标准体系建设的指导意见》，其中管理管护标准在多个重点领域都处于待制修订的状态。

农村厕所管理管护方面，暂未出台粪污处理和资源化利用的国家标准，国家层面仅发布了《农村厕所粪污无害化处理与资源化利用指南》，但山西等地制定了相关地方标准。分类型看，只有农村三格式户厕有专门的维护标准，其余类型农村厕所运行维护、监测评估、粪污处理和资源化利用等方面的相关标准均缺失。农村生活垃圾方面，2021 年发布实施了收运和处理技术标准，但监测方法和效果评价方面的标准目前仍缺失，当前监测评价相关标准主要是城镇建设工程行业标准，对指导农村生活垃圾治理的监测评价作用有限。农村生活污水方面，收集处理的设计规范、技术规程、具体方法较为完善。运行维护方面有 2022 年出台的团体标准《农村生活污水处理设施运行维护技术指南》作为支撑；监测管理和检测方法可参照的生态环境部门标准较多，但没有专门针对农村生活污水治理的监测标准；排放限值、资源化利用及效果评价方面的标准也需要开展针对性制修订工作。农村村容村貌方面，2022 年新实施的国家标准有《村镇照明规范》《农村环卫保洁服务规范》，农村水系管护、村庄绿化养护、村庄公共照明管理维护、农村公共空间建设维护等均还没有针对性的国家标准，仅有部分可参考的行业标准。部分地方出台了地方标准，如江苏省出台的《农村（村庄）绿化管理与养护规范》。

从以上总结可以看出，虽然农村人居环境标准体系建设有了一定进步，但管护标准建设仍相对滞后，会影响农村人居环境整治设施的选择，并导致一些设施建设方案不符合农村实际。例如，农村生活污水治理的监测管理和检测方法还没有针对性的标准，很多农村在建设集中污水处理设施时，只能参照生态环境部门现行标准，于是一些地区过于追求一级 A 污水排放标准，一味选择 MBR 膜技术和组合工艺的技术方案，导致设施对运维资金和运维人员的技术要求偏高，最终因无法保障而停止运营①。

在村庄层面，我们通常能看到“几有”“几无”这样通俗易懂的农村人居环境管护要求上墙，这类管护标准在整治村庄“脏乱差”问题上发挥了较大作用，但随着农村人居环境整治工作的纵深推进，运行与管护工作已不再是简单的打扫卫生、清理杂草等内容，有条件的地方应对管护要求进一步细化、量化。

（五）提供运行管护经费保障

经费问题是影响建后管护效果的最直接因素，近年来，我国在农村人居环境管护经费上的投入不断增加，但城乡投入差距依然比较显著，农村社会事业发展仍存在较大资金缺口。从农村生活污水处理设施投入来看：2021 年全国农村人均污水处理设施建设投入为 81.16 元，同期城镇人均污水处理设施投入为 208.14 元，可见，农村地区人均投入仅为城镇的 38.99%。审计署审计科研所根据现有统计数据和各县的县域专项规划估算，要实现全国各县的近期规划（2020~2025 年）目标，全国每年污水处理设施的建设投资将超过 700 亿元，运营费用将超过 30 亿元。按照 2021 年的总投入水平（农村生活污水处理设施建设投入 693.20 亿元）来看，尚不能满足建设资金需求②。

此外，随着人居环境整治工作的深入，我国农村村级组织经费紧张问题

① 刘金昊：《农村生活污水治理的现状、问题及审计对策》，《审计观察》2023 年第 4 期，第 76~81 页。

② 刘金昊：《农村生活污水治理的现状、问题及审计对策》，《审计观察》2023 年第 4 期，第 76~81 页。

日益突出。经无锡市核算，为完成垃圾收集及村庄道路、绿化、河道、路灯等日常管护任务，该市一个行政村一年要承担200万元左右的开支①，对经济相对薄弱村来说，高昂的管护开支是无法承受的。

目前，各地农村人居环境建设项目虽履行“先规划，后建设”的要求，但多数县域生活污水治理等专项规划中，未对建设和运维资金进行详细规定，未制定建设运维资金筹措方案、投资和使用计划，有的仅简单概括为“申请各级专项资金加采用PPP模式”，有的仅列示建设运维资金总额，未说明建设运维的成本构成、每年所需金额等，这些笼统而粗略的资金估算无法保障项目后期管护所需资金②。

四　建立健全长效管护机制的对策建议

（一）建立统筹和放权相结合的管护制度

硬件设施管护方面，在国家关于深化农村公共基础设施管护体制改革的指导意见下，建立“县负总责、行业部门监管、村为主体、运营企业落实、农户参与”的管护机制，并紧密结合本地实际，进一步以责任清单的方式细化明确地方政府、行业部门、村级组织、运营主体、农户等五类管护主体的具体责任。

村庄日常清洁方面，要激发村庄和农户的内生动力，充分结合传统乡村“熟人社会”的特征，探索建立物质与精神相结合的激励机制，让农民群众在乡村人居环境治理中增强参与感、获得感和荣誉感。

管护服务项目管理方面，建议将村域内人居环境管护服务项目明确纳入适用简易审批村庄建设项目，具备条件的，可以由村民委员会、村集体经济组织等作为项目法人。

---

① 《设立“红黑榜”　推进长效管护》，《无锡日报》2020年6月25日，第2版。

② 刘金昊：《农村生活污水治理的现状、问题及审计对策》，《审计观察》2023年第4期，第76~81页。

制度创新方面，对现有的涉农资金统筹整合改革进行深化。目前，市县虽有统筹使用涉农资金的权限，但大多也仅限于部门内部，很难实现跨部门的资金整合。可在县市探索系统化管护方案申请审批制，不再分行业部门下达管护任务和资金，而是地方通过广泛的开放性讨论，充分认识自身的整治与管护需求，进而提出地方性、区域性的人居环境全系统管护方案，经申请批准后实施。

（二）推进宏观与微观相结合的管护标准和规范建设

充分发挥标准在推进农村人居环境整治中的引领、指导、规范和保障作用。

从宏观层面来说，标准建设可以梯次推进，优先制定各领域关键性标准与规范，例如农村户厕管护的重点是农村厕所日常检修维修和粪污收集处理服务，农村生活污水的标准建设重点是监测管理和检测方法。

从微观层面来说，应推行管护责任清单制度，以自然村为单位编制农村基础设施管护责任清单，明确村内道路、垃圾处理设施、体育健身器材等基础设施的管护主体、资金来源和标准等内容。针对各村发展不同的实际问题，可先将村庄分类，再分别制定实施相应管护标准。

（三）打造社会力量与行政力量相结合的长效管护队伍

在管护任务的执行方面，提倡以市场化管护与村自行管护相结合的方式组建整治队伍。除了将一些对作业设备、知识要求高的管护任务委托第三方企业负责外，组建村级自主管护队伍，将一些日常的、简单的管护任务交由村级管护队负责。管护队伍本土化的优势：一是队员服务自己所在集体，能调动其主人翁意识；二是在农村熟人社会，队员的服务充分接受村民监督，可减少政府不必要监管支出。此外，农村居民也应该作为一支内生性的整治队伍存在，村民除负责自家庭院清洁美化外，也应承担起家门口的绿化美化工作，在政府完成绿化美化建设任务后，附近村民应主动承担后续管护责任，政府可通过补贴等形式对村民的管护行为予以鼓励。

在管护效果的监督考核方面，充分利用政府部门行政执法权，组建县级督查队伍、镇级巡查队伍、村级自查队伍。县级督查队伍采取“明察+暗访”的方式，常态化对各行政村（涉农社区）人居环境整治工作进行督导检查。镇级巡查队伍负责依据管护标准，对村级整治队伍和第三方保洁公司作业运行进行巡查、监管、考核。村级自查队伍通过开展群众满意度评价、村级整治队伍技能考核、强化“门前三包”等方式落实工作责任。

（四）制定短期和长期相结合的管护经费保障办法

管护经费除包含常态化、稳定的经费开支外，还包含突发的、紧急的管护资金需求，因此管护经费保障应从长期和短期两方面考虑。短期经费保障的目标是迅速筹集资金以应对紧急的农村人居环境问题，例如农村人居环境基础设施损坏维修；长期经费保障的目标是确保持续的资金支持，例如村庄保洁。

短期经费保障应从提高风险应对能力方面着手：一是探索引导商业保险介入农村人居环境设施建后管护，对相关设施在使用期间的损毁风险以及后期管护不利风险进行投保；二是完善工程质量管理办法，要求项目建设单位提供合理的保修期；三是动员社会力量参与农村人居环境改善，通过慈善捐赠、志愿者活动等方式筹集资金。

长期经费保障应从制度稳定性入手，一是各级政府应将农村人居环境管护列为重要的财政支出项目，并确保每年都有足够的预算用于管护；二是鼓励有条件的村庄将部分集体经济收益用于人居环境管护；三是鼓励有条件的村庄通过“一事一议”探索建立农村厕所粪污清掏、农村生活污水垃圾处理农户付费制度，合理确定农户付费分担比例。

（五）完善法治与共治相结合的监督机制

建立农村人居环境长效管护监督机制需要综合考虑法治和共治两个方面，法治侧重于法律法规的制定和执行，而共治侧重于社会参与和社区治理。

法治方面，首先，应制定明确的法律法规或管护办法，规范农村人居环境的管理和管护责任，应明确政府部门、企事业单位和居民的权利和义务；其次，充分发挥纪检监察机关的监督职能，成立农村人居环境专项督查组；最后，应充分利用互联网技术，建立信息公开机制，包括管护责任划分、经费使用、违法行为处理等信息的公开。

共治方面，一是鼓励农村社区居民积极参与人居环境管护责任的监督，可以设立社区环保委员会或协会，推动居民参与评价和监督，也可通过居民投票、公众听证会等方式，确保居民的意见建议被充分听取；二是提供环保培训和教育，提高居民的环保意识，让居民了解法律法规，知晓自己的权利和义务；三是加强农村人居环境服务数字化建设，推进在线受理、实时督办与效果点评，解决治理服务不到位问题。

G.7
村庄清洁行动情况报告

刘钰聪*

摘 要： 村庄清洁行动是改善农村人居环境的基本任务。本报告通过对村庄清洁行动开展中的政策法规、资金投入、地方实践等方面进行梳理，并基于农户调查分析村庄清洁行动现状。本报告分析发现，当前村庄清洁行动全面推进过程中还存在部分地区群众作用发挥不够明显、部分偏远村组环境卫生整治进度落后、长效机制还不完善等问题，最后从发挥农民主体作用、重点关注偏远村组环境卫生整治、建立健全长效管护机制等方面提出对策建议。

关键词： 农村人居环境 村庄清洁行动 农民参与

实施村庄清洁行动是推动农村人居环境整治的一项基础性工程，可通过广泛动员各方力量、优化整合各种资源，集中整治农村环境“脏乱差”问题。2018年农村人居环境整治三年行动实施以来，各地区采取不同措施，组织发动群众开展“三清一改”（清理农村生活垃圾、清理村内沟塘、清理畜禽养殖粪污等农业生产废弃物，改变影响农村人居环境的不良习惯）。截至2021年底，全国95%以上的村庄开展了清洁行动，村庄环境基本实现干净整洁有序，农民群众环境卫生观念发生可喜变化、生活质量普遍提高。

* 刘钰聪，农业农村部成都沼气科学研究所研究实习员，主要研究方向为农村经济和发展。

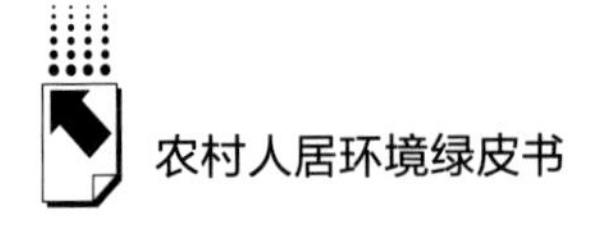

为进一步改善农村人居环境、加快建设生态宜居美丽乡村，2021年12月，中共中央办公厅、国务院办公厅印发《农村人居环境整治提升五年行动方案（2021-2025年）》，提出持续开展村庄清洁行动。大力实施以“三清一改”为重点的村庄清洁行动，突出清理死角盲区，由“清脏”向“治乱”拓展，由村庄面上清洁向屋内庭院、村庄周边拓展，引导农民逐步养成良好卫生习惯。结合风俗习惯、重要节日等组织村民清洁村庄环境，通过“门前三包”等制度明确村民责任，有条件的地方可以设立村庄清洁日等，推动村庄清洁行动制度化、常态化、长效化。从“三年行动”到“五年行动”、从“整治”到“整治提升”、从“扭转脏乱差”到“追求乡村美”的转变，对农村人居环境提出更高的标准和要求。作为对村庄面貌和村民生活环境最直接的反映，村庄的环境卫生整治提升除了面上，也要向屋内庭院延伸、向村庄周边拓展，而村庄清洁行动是农村环境卫生整治中少花钱、花小钱就可以办大事、办好事的载体。基于此，开展村庄清洁行动不仅是实施农村人居环境整治提升方案的重要抓手，也是实现农村人居环境总体水平提升的关键。本报告对我国村庄清洁行动开展以来的主要做法进行了梳理，并基于农户调查分析当前村庄清洁行动在我国的情况，剖析当前村庄清洁行动推进过程中的短板和弱项，并提出全面有序开展村庄清洁行动的政策建议。

一　推动村庄清洁行动开展的主要做法

（一）政策文件支持

1. 国家层面

2018年7月，农业农村部印发《农业农村部关于深入推进生态环境保护工作的意见》，提出开展房前屋后和村内公共空间环境整治，着力解决农村人居环境“脏乱差”等突出环境问题。2018年12月，中央农村工作领导小组办公室、农业农村部等18部门联合印发《农村人居环境整治村庄清洁行动方案》，该方案以“清洁村庄助力乡村振兴”为主题，以影响农村人居环境的突出问题为重点，在全国范围内集中组织开展农村人居环境整治村庄清洁行动，带动和推进村容村貌提升。2020 年 3 月，农业农村部办公厅印发《2020 年农业农村绿色发展工作要点》，明确指出各地要在清理环境“脏乱差”、提升村容村貌的基础上，着力引导农民群众转变不良生活习惯，养成科学、卫生、健康的生活方式，不断健全长效保洁机制。国家层面制定的村庄清洁行动的有关政策详见附表 1。

2. 地方层面

除中央和相关部门外，我国各省区市政府也相继出台一系列村庄清洁行动相关的政策（见附表 2），因地制宜、多措并举支持当地开展村庄清洁行动。例如，2019 年 1 月，四川省委农办、四川省发展改革委等 18 个部门印发《四川省农村人居环境整治村庄清洁行动方案》，提出将因地制宜推广“户分类、村收集、乡（镇）转运、县处理”体系，逐步实现自然村专职保洁员全覆盖；清淤治理农村水井、水塘、小河沟、污水沟、臭水沟，逐步消除黑臭水体。2022 年 6 月，上海市实施乡村振兴战略领导小组办公室印发《关于深入开展本市 2022 年村庄清洁行动的通知》，结合当地村庄情况，将“三清一改”拓展为“五清一改”（清垃圾、清搭建、清杂物、清堆物、清张贴、改习惯），全面清洁房前屋后、河道水系、田间地头、道路两侧、公益林地、公共服务设施等各类环境。这些地方政策在大方向上与国家层面的政策措施相一致，又根据当地的自然环境、经济基础、人口结构、文化传统等因素进行灵活调整，为村庄清洁行动在我国的全面推广贡献积极力量。

（二）资金投入

党中央、国务院高度重视农村人居环境整治工作，持续增加村庄环境卫生治理投入。如图 1 所示，2017 年，全国村庄环境卫生整治的投入资金为 294.5 亿元，其中用于垃圾处理的资金为 135.6 亿元。农村人居环境整治三年行动（2018~2021 年）实施以来，用于村庄环境卫生整治的投入资金相较于 2017 年均有不同幅度的增长。例如，2021 年我国在村庄环境卫生整治和垃圾处理方面的资金投入分别为 480.4 亿元和 277.7 亿元，相较于 2017 年分别增长 63.1%和 104.8%。从资金使用占比来看，2017 年我国用于村庄环境卫生整治的资金投入占村庄建设总投入的 3.2%，而在 2018~2021 年这一占比数值分别为 4.5%、3.4%、4.2%、3.6%，较 2017 年均有小幅度增长。

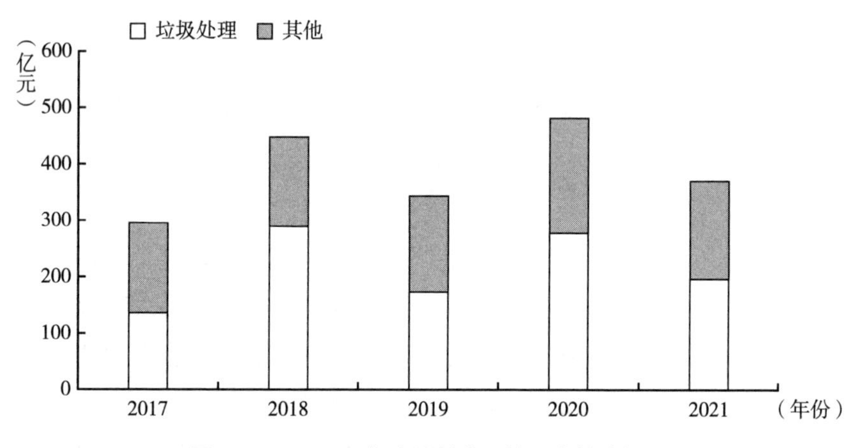

图 1　2017~2021 年全国村庄环境卫生整治投入

2017~2021 年，我国各省区市村庄环境卫生整治的投入资金见表 1。2021 年，村庄环境卫生方面资金投入排在前三名的地区依次为山东省、江苏省、浙江省，分别投入 41.1 亿元、34.8 亿元、27.3 亿元。从变化趋势来看，绝大部分地区近几年用于村庄环境卫生整治的资金均有不同程度的增长，增长幅度最大的三个省分别为江苏省、广东省、河南省，分别增加了 10.3 亿元、7.9 亿元、7.1 亿元。在垃圾处理方面，北京市、黑龙江省、吉林省为投入资金增长率前三的地区，五年来分别增长了 336%、300%、207%。从资金使用占比来看，2017 年，村庄环境卫生投入占比最高的地区为辽宁省，占该地区村庄建设投入的 33.7%；而在 2021 年村庄环境卫生投入占比最高的地区为北京市，占该市村庄建设投入的 12.4%。

表 1　2017~2021 年各省区市村庄环境卫生整治投入

单位：亿元

省区市	环境卫生					其中:垃圾处理				
	2017 年	2018 年	2019 年	2020 年	2021 年	2017 年	2018 年	2019 年	2020 年	2021 年
北京	11.1	8.8	10.4	10.3	17.7	2.5	2.1	2.8	3.1	10.9
天津	2.6	2.9	2.8	3.4	2.9	0.8	0.9	1.2	1.3	1.2
河北	9.6	10.7	13.3	14.3	12.5	5.7	6.8	8.1	8.2	7.3
山西	6.3	6.8	7.1	7.7	6.8	2.4	2.7	3.1	2.5	2.6
内蒙古	4.0	3.1	3.5	3.7	2.7	2.1	1.6	2.2	2.3	1.4
辽宁	25.0	5.2	6.1	6.2	5.6	2.7	3.0	3.4	4.0	3.4
吉林	3.4	5.1	6.4	8.1	8.3	1.4	2.5	3.0	3.7	4.3
黑龙江	2.2	3.2	3.9	5.5	4.0	0.6	1.1	1.3	3.5	2.4
上海	3.4	3.0	6.4	5.0	6.3	1.0	1.2	1.9	1.9	2.1
江苏	24.5	26.2	31.8	35.8	34.8	10.4	11.9	13.5	15.2	16.4
浙江	21.1	22.5	24.7	25.9	27.3	10.4	11.5	12.6	13.3	13.5
安徽	14.2	18.9	19.9	21.0	20.1	7.9	9.7	10.6	11.4	11.1
福建	9.9	11.0	12.4	13.2	14.1	6.1	7.1	8.2	8.6	9.2
江西	9.0	10.4	11.7	13.9	14.8	5.2	6.1	6.7	7.5	7.7
山东	37.8	38.0	42.5	44.6	41.1	18.1	18.8	20.8	21.9	20.7
河南	12.7	17.0	18.5	18.9	19.8	5.4	7.5	8.9	9.5	10.2
湖北	7.9	148.3	12.2	14.2	14.5	4.5	141.6	7.3	8.1	8.0
湖南	10.0	11.2	12.1	13.2	13.5	5.3	6.5	7.1	7.9	8.0
广东	15.2	17.9	23.3	23.3	23.1	8.4	9.3	11.4	12.7	12.8
广西	9.9	9.9	8.7	8.6	8.9	7.5	6.3	6.2	6.2	6.3
海南	2.4	2.4	2.8	2.5	2.9	1.2	1.2	1.3	1.1	1.1
重庆	5.3	5.3	5.8	12.5	5.5	2.8	3.0	3.2	9.9	3.1
四川	12.4	13.0	12.5	13.6	14.3	6.1	6.6	6.9	8.0	8.8
贵州	6.2	9.1	7.3	39.7	6.8	4.1	6.0	4.4	24.3	4.3
云南	8.1	16.9	9.8	85.0	10.8	5.2	6.1	5.9	66.9	6.3
西藏	2.4	0.3	0.2	0.6	0.3	0.3	0.1	0.1	0.5	0.2
陕西	7.2	7.4	8.5	9.2	8.5	2.5	2.9	3.7	4.3	3.8
甘肃	6.0	6.3	6.1	6.5	6.7	2.5	3.2	3.5	3.7	3.9
青海	0.8	0.8	1.4	1.3	1.0	0.4	0.3	0.5	0.6	0.6
宁夏	1.4	1.5	2.3	3.1	4.1	0.5	0.6	0.9	1.1	1.3
新疆	2.2	3.1	8.3	7.5	6.3	1.1	1.0	2.4	3.6	2.4
新疆兵团	0.5	0.4	0.3	1.7	3.3	0.4	0.2	0.2	0.5	0.7

资料来源：《中国城乡建设统计年鉴》，2017~2021。

（三）村庄清洁行动的地方实践

村庄清洁行动是改善农村人居环境的基本任务，通过广泛动员各方力量、优化整合各种资源、创新行动方式方法，集中整治农村环境“脏乱差”问题，将农村人居环境整治从典型示范转到全面推开上来。各地区在完成“三清一改”规定动作的基础上，结合当地实际情况，纷纷组织开展了各具特色的村庄清洁行动。例如，重庆市将“赛马比拼”融入村庄清洁行动的常态化开展中，组织千个基层窗口“赛环境”、组织万名村干部“比小家”、组织十万名学生“勇实践”、组织百万名群众“搞卫生”。甘肃省总结形成了 10 种农村环境卫生综合整治模式，如“巾帼行动、美丽庭院”的宕昌模式、“突出五改”的临泽模式、“八化并举”的张掖模式、“拆危治乱”的陇南模式等。西藏自治区在“三清一改”的基础上，增加“清理饲草料堆放和改变人畜混居”的内容，形成具有西藏特点的“四清两改”村庄清洁行动方案。此外，山东、江苏、浙江、福建、安徽等省采取政府和社会资本合作方式，引导社会资本参与设施建设和管护，探索建立城镇环卫设施和服务向乡村延伸的模式。

案例 1　江苏省南通市通州区石港镇

——设立“村庄清洁日”，常态化推进村庄清洁行动

改善农村人居环境是村民们的深切期盼，也是建设和美宜居乡村、推进乡村振兴的重要任务之一。2023 年起，南通市通州区在全区范围掀起“村庄清洁日”行动，将每月 17 日设立为村庄集中开展清洁行动的日子，进一步巩固村庄清洁成效，提升群众的获得感、幸福感和满意度，激发乡村发展活力。全域整治、全面推进、全员参与，在村庄“大扫除”行动中，党员干部主动担当作为，志愿者也不甘落后，中老年人加入其中，青年人也在行动。

石港镇将村庄清洁行动作为改善农村人居环境、推动乡村振兴的关

键抓手之一，发动了环卫所、村居、物业等四百多名保洁员以及广大村民等在“村庄清洁日”全天候参与村庄环境清理整治。投放9辆清洁车辆，新购四分类垃圾桶一万个，增设垃圾分类宣传亭40座，做到人员、经费、车辆、设备等保障到位。近年来，共清运生活垃圾1080吨、建筑垃圾300吨、农业废弃物1500吨，让“四清一治一改”在石港落地见效，农村展新貌、换新颜。

资料来源：《通州：“村庄清洁日”行动助力乡村提“质”增“颜”》，http：//www.js.xinhuanet. com/20230815/b5a56e4b0d9e48fa8e3723dc9b8ae869/c. html。

案例2　山西省忻州市静乐县神峪沟乡神峪沟村

——以村庄清洁行动为抓手，促进“美丽庭院”向“美丽经济”转变

神峪沟村为神峪沟乡乡政府所在地，全村总面积1.8平方公里，户籍人口201户588人，常住人口110人。村民收入来源以种植、养殖等为主。村集体经济以集体土地种植、光伏等为主，2022年，村集体经济收入30万元，村民人均可支配收入约为18000元。

神峪沟村将改善村庄卫生环境与发展庭院经济紧密联系到一起。一方面，神峪沟村在聚焦村庄卫生环境面貌持续改善的同时，积极开展村庄清洁行动，对村内道路、活动场、沟渠等公共区域和畜禽粪污、宣传栏乱贴乱画进行了全面清扫和整治；每月固定组织2次村庄清洁行动，确保村庄整体面貌焕然一新；村组干部积极组织整治农户房前屋后乱堆乱放问题，责成住户自行归类摆放整齐，并进行督查，持续改善村庄卫生环境面貌。另一方面，神峪沟村在整治村庄公共区域和农户庭院的同时，通过种植蔬菜、果林，发展乡村旅游等，提高农民收入。2023年，神峪沟村重点围绕庭院清洁、小院铺装、菜地开发、菜畦整地、果树种

植等工作，积极探索“一块菜地、一片果林、一窝家鸡、一间客房、一桌土饭”的“静乐小院”发展模式。截至当年9月，神峪沟村已经打造庭院22户，总面积11416平方米，整理出菜地2639平方米，铺装小院1483平方米，安装花池砖282米、菜地围栏241米。2023年全村共有50户村民在整治庭院环境的同时发展庭院经济，户均增收500~1000元，实现了由“美丽庭院”向“美丽经济”的转变。

为了持续增强村民的文明卫生意识，神峪沟村多次组织召开群众大会，通过讲解宣传“乡村庭院美化”和现场整治，向群众普及乡村庭院美化工作的重要性和必要性。通过持续宣传和发动，引导农户每周开展庭院环境卫生整治，提高村民的文明卫生意识，为老百姓的美丽庭院经济锦上添花。

二　基于农户调查的村庄清洁行动现状及问题

2023年6~8月，课题组先后赴江苏、广东、湖北、江西、山西、四川6个省份开展调研，实地走访了19个县（市、区）48个行政村（社区）。本次问卷调查采取一对一访谈形式进行，除去不符合要求的问卷外，共获得有效问卷862份。本次调研走访地域及问卷样本涵盖中国东部、中部和西部地区，东部地区为江苏省和广东省，中部地区为山西省、江西省和湖北省，西部地区为四川省。按省份统计，各省有效问卷样本数分别为江苏省221份、广东省120份、湖北省122份、江西省20份、山西省248份、四川省131份。

（一）村庄清洁行动开展及宣传情况

对受访者所在村庄是否开展村庄清洁行动进行调查，结果如图2所示。整体来看，90.4%的受访者表示其所在村开展了村庄清洁行动，4.6%的受访者表示没有开展，另有5.0%的受访者不清楚是否开展。分地区来看，东部地区村庄行动开展的比例最高，93.0%的受访者表示其所在村开展了村庄清洁行动，西部地区这一比例达 90.1%；中部地区开展村庄清洁行动的比例稍低，为 88.2%，另有 5.1%的受访者表示其所在村没有开展过村庄清洁行动。

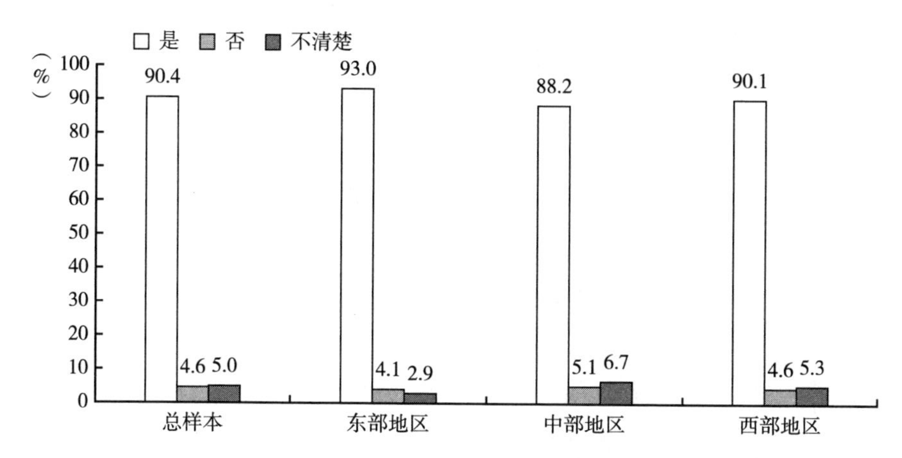

图 2　受访者所在村是否开展村庄清洁行动

关于受访者或其家人是否得到村庄清洁行动的宣传动员，结果如图 3 所示。整体来看，分别有 87.2%、6.2%的受访者表示常年和偶尔有宣传动员活动，另有 2.4%的受访者表示没有得到任何与村庄清洁相关的宣传动员。分地区来看，东部地区的村庄开展宣传动员比例最高，有 92.1%的受访者

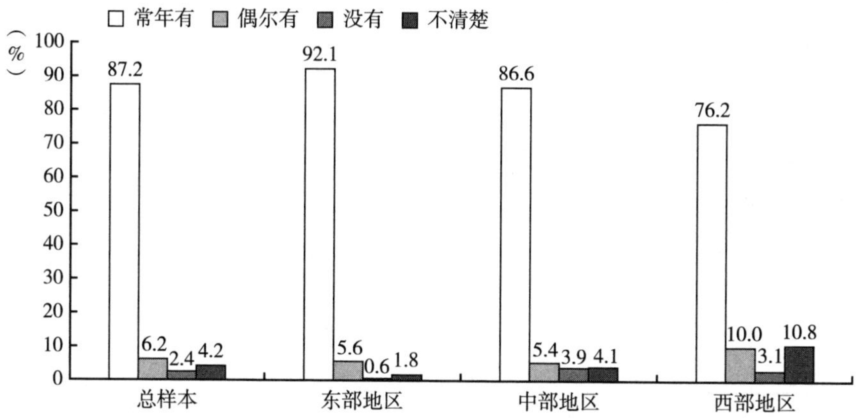

图 3　受访者所在村是否开展村庄清洁行动的宣传动员活动

表示常年有宣传动员活动，有5.6%的受访者表示偶尔有宣传动员活动，仅有0.6%的受访者表示其所在村没有开展过任何宣传动员活动；中部地区开展村庄清洁相关宣传动员活动的比例为92.0%，其中表示常年有的受访者比例为86.6%；西部地区表示其所在村开展过宣传动员活动的受访者比例明显低于东部地区和中部地区，其中表示常年有的受访者比例仅为76.2%；此外，在中部地区和西部地区，分别有3.9%和3.1%的受访者表示没有接受过任何村庄清洁相关的宣传动员。

（二）农民在村庄清洁行动中的参与情况

对受访者“您家房前屋后和门口道路/沟渠由谁负责清扫”的调研结果如图4所示。当前政府和农村居民已经开始重视农户房前屋后的环境卫生，在总样本中，分别有57.2%和41.9%的受访者表示由本户或由专人负责，0.6%通过其他方式清扫，另有0.2%的受访者表示没人管。各地区负责清扫的群体存在差异，在东部地区，有64.8%的受访者表示其房前屋后等地方有专人负责打扫，农户自己参与清扫的仅占34.3%；而在中部地区和西部地区，农户自己负责房前屋后等地区清扫的占大多数，分别为66.7%和88.6%。

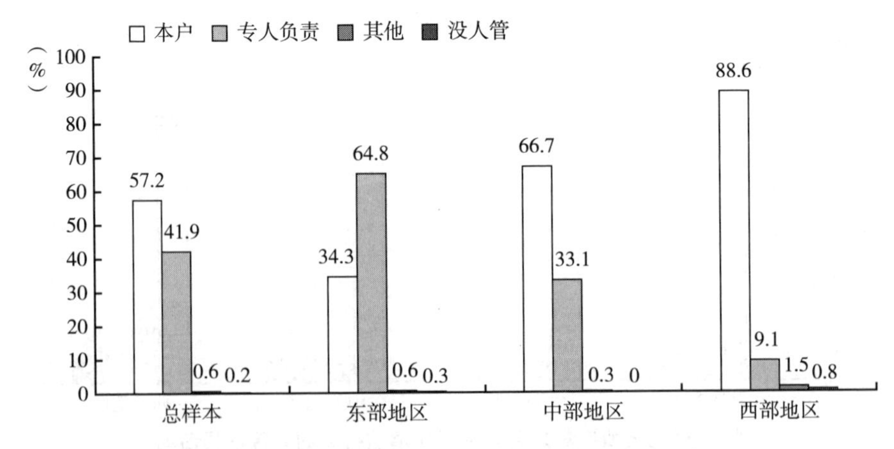

图4　受访者房前屋后和门口道路/沟渠由谁负责清扫

受访者清扫其房前屋后等地的频率如图 5 所示，所有地区 90%以上的受访者每周至少开展 1 次房前屋后环境卫生整治行动，村民清扫的积极性较高。

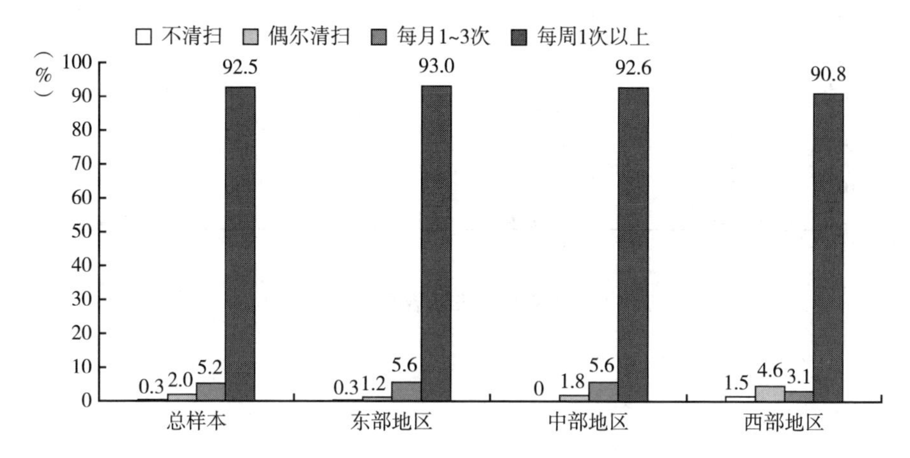

图 5　受访者清扫房前屋后和门口道路/沟渠的频率

（三）农民对村庄清洁行动的满意度

本报告将“整体上看，您对村庄清洁整体效果满意吗?”这一问题作为受访者对其所在村庄清洁满意度的评价依据，结果如图 6 所示。从整体来看，67.1%的受访者对村庄清洁持“非常满意”态度，30.2%的受访者持“比较满意”态度，2.7%的受访者认为其所在村庄清洁比较一般或持“不太满意”态度。分区域看，各地区农户对其所在村庄的清洁满意度均较高，尤其是中部地区，持“非常满意”态度的受访者达72.6%，另有26.7%的受访者持“比较满意”态度；东部地区对村庄清洁感到“非常满意”的受访者占比为 68.9%，认为“比较满意”的占 28.2%，另有 2.9%的受访者持“一般”或“不太满意”态度；西部地区的受访者对村庄清洁感到满意的达 91.6%，其中，持“非常满意”和“比较满意”态度的受访者占比都为 45.8%，而分别有 6.9%和 1.5%的受访者认为“一般”和“不太满意”。

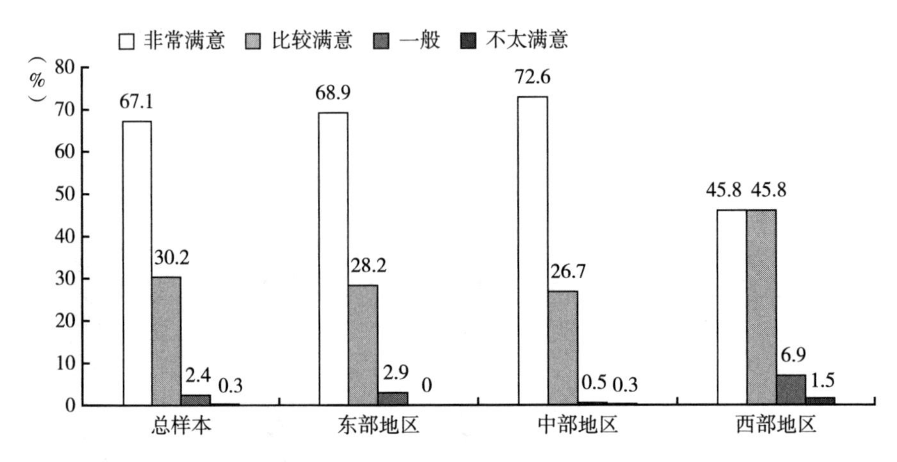

图 6　关于农村村庄清洁的受访者评价

（四）小结

近年来，通过广泛动员各方力量、优化整合各种资源，集中整治农村环境“脏乱差”问题，我国农村的环境卫生状况有了较大的改善，农村居民在村庄清洁行动等活动中参与度普遍较高，对生活环境保护的重要性也有一定认识。分地区看，东部地区村庄环境卫生的各方面状况都相对较好，无论是村庄清洁行动的宣传、开展，还是农村居民对其所在村庄清洁卫生的满意度都领先于中部地区和西部地区，但相应的东部地区的居民在村庄公共环境整治中的参与度较低，更依赖保洁员等专人维护公共区域的卫生环境；中部地区在村庄清洁行动开展方面较为不足，认为其所在村开展了村庄清洁行动的受访者比例明显低于东部地区和西部地区；而西部地区的农村居民在村庄清洁行动效果的满意度方面低于东部地区和中部地区。

三　结论和建议

村庄清洁行动是农村人居环境整治的重点内容，也是农村少花钱、花小钱就可以办大事、办好事的关键载体。本报告通过对我国村庄清洁行动的相关政策法规、资金投入、典型案例、村民参与情况等方面进行梳理，系统阐述了我国村庄清洁行动开展现状。随着《农村人居环境整治三年行动方案》《农村人居环境整治提升五年行动方案（2021-2025年）》的实施，当前我国村庄清洁行动已经有序开展，实现“全面开花”，全国各地也陆续涌现了一些典型案例。然而，村庄清洁行动面临地区差异因素影响，再加上部分地区村庄基础建设较为薄弱，因此也存在一定不足，本报告总结了当前部分地区在开展村庄清洁行动中遇到的问题和困难，并提出相应的对策建议。

（一）主要问题

1. 部分地区群众作用发挥不够明显

随着近年来农村人居环境整治提升、村庄清洁行动的宣传及开展，我国大部分农村居民认可并积极参与农村人居环境整治行动。然而，仍有少部分地区存在“干部干，群众看”的现象，部分村民对环境污染的危害和破坏认识还不到位，再加上受教育程度低，短时间内还不能形成全民参与村庄清洁行动的整体氛围。此外，在部分经济较发达的地区，村庄环境的整治完全外包给专业的机构和人员负责，村民参与度低，长此以往，“维护村庄环境是政府的事情，与自己没有多大关系”的观念在村民脑中根深蒂固，群众主体意识亟待加强。

2. 部分偏远村组环境卫生整治进度落后

少数偏远村组、非规划布点村庄卫生环境仍然较差，存在不同程度垃圾乱倒、柴草乱垛、畜禽乱跑、污水乱流等现象。第一，这类村庄在人居环境整治乃至乡村建设中难以得到上级重视，获得的财政资金扶持较少，基础设施建设滞后。例如，村庄缺乏排水治理设施会导致村里污水排放无序，大多数农户还是将污水直接排到房前屋后，这些污水的排放不仅对村庄清洁环境造成污染，由于没有经过处理直接流入农田灌溉，还会造成循环污染危害粮食安全。此外，这类村庄受交通瓶颈影响大，建设投入和运营成本较高，垃圾处理站等设施共享率低。第二，偏远、落后村庄的就业机会少，留不住人导致家庭常住人口结构失衡，空心化严重，进一步导致村庄开展清洁行动的

内生动力不足。

3. 长效机制还不完善

第一，缺乏持续的监督和管理。在部分地区，村庄清洁行动可能仅仅在某个特定的时间或者某个活动期间进行，没有建立健全的机制以推动村庄清洁行动常态化开展。第二，缺乏专业管护队伍。农村环境卫生整治涉及多个部门，治理资源分散，许多工作有脱节，加上农村环境卫生管理机构和队伍不健全、管理不专业，环境卫生治理成果无法巩固，容易出现“脏乱差”反弹现象。第三，缺乏健全的生活垃圾处理农户付费制度。目前，我国部分地区已经制定出台了农村生活垃圾收费指导意见，但这仅限于少数经济较发达的地区，农村居民普遍收入较低且缺乏付费意识，收费机制的推行难度大，运行维护资金难以保障。

（二）对策建议

1. 发挥农民主体作用

农民是乡村社会的主体，在农村环境卫生整治提升进程中，他们也必然是受益主体、建设主体和治理主体。农村环境卫生整治提升需要政府的组织引导，更离不开村民的积极参与。第一，加强宣传引导营造良好氛围。通过简报、宣传片、宣传画、微信群等多种形式，广泛宣传维护村庄清洁卫生的重大意义。第二，创新引导参与的方式方法。通过卫生庭院评比、美丽家园创建、红黑榜评选、积分兑换等举措，增强农民主人翁意识，让农民不但主动参与行动并形成自觉，而且形成“比、学、赶、帮、超”的良好氛围，形成强大的村庄环境卫生整治活力。第三，强化农民参与保障。以县乡主要负责同志为“一线总指挥”，村党组织书记为第一责任人，成立村级党组织领导下的环卫理事会、保洁理事会等群众自治组织，动员农民群众参与决策、建设、监督。

2. 重点关注偏远村组环境卫生整治

偏远村组、非规划布点村庄通常面临更严重的环境问题和挑战，因此，在这类村庄更应该强调环境保护和经济发展并重、同步发展，真正实现

“以环境促进增长，以增长优化环境”，努力形成清洁卫生维护和经济发展良性循环机制。第一，拓宽融资渠道。积极推进农村公益性基础设施项目市场化融资，鼓励社会资本投向村庄清洁及大型基础设施、环保设施建设。第二，与乡村建设和乡村治理相结合。将村庄卫生清洁和绿化美化、庭院经济发展、乡村休闲旅游等项目有机集合，促进经济效益与生态效益、社会效益相统一；筑巢引凤吸引青年返乡就业创业，进而不断改善地区人口结构，增加乡村资本，增强村民地方依恋感；引进高素质乡村建设人才，为农村经济建设注入新动力，在村庄卫生环境干净有序的同时实现乡村振兴的目标。

3. 建立健全长效管护机制

明确政府以及有关部门、运行管理单位责任，基本建立有制度、有标准、有队伍、有经费、有督查的村庄清洁行动管护长效机制。第一，持续开展村庄清洁行动。由“清脏”向“治乱”拓展，由村庄面上清洁向屋内庭院、村庄周边拓展，引导农民群众逐步养成良好的卫生习惯，避免“脏乱差”现象反弹；结合风俗习惯、重要节日组织村民清洁村庄环境，通过“门前三包”等制度明确村民责任，鼓励设立村庄清洁日、清洁指挥长等，推动村庄清洁行动制度化、常态化、长效化。第二，健全村庄环境卫生整治管护队伍。坚持分级负责和“谁受益、谁所有、谁管理”原则，调动农民参与管理；利用好公益性岗位，优先从符合条件的低收入人群中聘请保洁员、管护员等。第三，建立村内评比制度。村委可以定期组织村干部、村民代表等对村内农户参与村庄清洁行动的情况进行评比，对于评选出来的环保示范户，可以给予挂牌表彰、现金奖励等激励措施，提高村民参与村庄环境清洁的主动性、积极性。第四，积极探索农村生活垃圾处理收费制度。按照事权、受益情况等，循序渐进探索建立农村生活垃圾处理农户合理付费制度，详细规定农村生活垃圾的收费原则、收费范围和收费用途等，费用的收取和支出情况定期公示，确保资金收支阳光透明，逐步形成农村人居环境基础设施管理运维社会化服务体系和服务费市场化机制。

附录

附表 1　2011～2023 年国家层面村庄清洁相关支持政策

发布时间	文件名称	发文机关	相关内容
2011 年 1 月 6 日	农业部关于做好 2011 年农业农村经济工作的意见	农业部	积极推进农村清洁工程，大力开展村庄环境整治
2018 年 7 月 13 日	农业农村部关于深入推进生态环境保护工作的意见	农业农村部	开展房前屋后和村内公共空间环境整治，逐步建立村庄人居环境管护长效机制
2018 年 12 月 29 日	农村人居环境整治村庄清洁行动方案	中央农村工作领导小组办公室、农业农村部等 18 个部门	动员广大农民群众，广泛参与、集中整治，着力解决村庄环境“脏乱差”问题，实现村庄内垃圾不乱堆乱放，污水乱泼乱倒现象明显减少，粪污无明显暴露，杂物堆放整齐，房前屋后干净整洁，村庄环境干净、整洁、有序，村容村貌明显提升，长效清洁机制逐步建立，村民清洁卫生文明意识普遍提高
2020 年 3 月 2 日	2020 年农业农村绿色发展工作要点	农业农村部办公厅	以“干干净净迎小康”为主题，深入开展村庄清洁行动，指导各地在着力清理环境“脏乱差”、提升村容村貌的基础上，不断健全长效保洁机制
2020 年 11 月 27 日	国务院关于深入开展爱国卫生运动的意见	国务院	推广周末大扫除、卫生清洁日活动，推动爱国卫生运动融入群众日常生活
2021 年 12 月 5 日	农村人居环境整治提升五年行动方案（2021～2025 年）	中共中央办公厅、国务院办公厅	大力实施以“三清一改”为重点的村庄清洁行动，突出清理死角盲区，由“清脏”向“治乱”拓展，由村庄面上清洁向屋内庭院、村庄周边拓展，引导农民逐步养成良好卫生习惯。结合风俗习惯、重要节日等组织村民清洁村庄环境，通过“门前三包”等制度明确村民责任，有条件的地方可以设立村庄清洁日等，推动村庄清洁行动制度化、常态化、长效化
2023 年 2 月 6 日	关于落实党中央、国务院 2023 年全面推进乡村振兴重点工作部署的实施意见	国家乡村振兴局	持续开展村庄清洁行动，着力引导农民养成良好卫生习惯，健全长效保洁机制

附表 2　2019~2023 年部分地方层面村庄清洁行动相关支持政策

发布时间	文件名称	发文机关	相关内容
2019 年 1 月 24 日	四川省农村人居环境整治村庄清洁行动方案	中共四川省委农办、四川省发展改革委等 18 个部门	因地制宜推广“户分类、村收集、乡(镇)转运、县处理”体系,逐步实现自然村专职保洁员全覆盖。清淤治理农村水井、水塘、小河沟、污水沟、臭水沟,逐步消除黑臭水体。清收和处理随意丢弃的病死畜禽尸体、农业投入品包装物等农业生产废弃物
2020 年 12 月 30 日	2021 年全省城乡建设品质提升实施方案	福建省人民政府办公厅	拓展优化“三清一改”内容,由“清脏”向“治乱”拓展,由村庄面上清洁向屋内庭院、村庄周边拓展。结合厕所革命、污水垃圾治理等农村人居环境整治重点工作和爱国卫生运动,健全长效保洁机制
2021 年 12 月 7 日	宁夏回族自治区巩固拓展脱贫攻坚成果同乡村振兴有效衔接“十四五”规划	宁夏回族自治区人民政府办公厅	聚焦“五清一绿一改”,压茬推进村庄清洁行动,加大乡村公共空间和庭院环境整治力度,对村内生活垃圾、沟渠路边、农业生产废弃物、乱堆乱放乱搭乱建、废弃房屋及残垣断壁等清理整治。结合爱国卫生运动、重要节日和活动,引导农民群众自觉打扫卫生,及时清扫垃圾,实施垃圾分类,日产日清,保持村庄和庭院干净整洁。设立“村庄清洁日”,落实清洁指挥长制度,推动村庄清洁常态化、长效化
2022 年 2 月 22 日	关于“十四五”开展农村人居环境整治提升行动扎实推进生态宜居美丽乡村建设的实施方案	中共江苏省委办公厅	持续开展村庄清洁行动。深入开展以“四清一治一改”(清理农村积存垃圾、河塘沟渠、农业废弃物和无保护价值的残垣断壁,加强乡村公共空间治理,加快改变农民生活习惯)为重点的常态化村庄清洁行动,突出清理死角盲区,推动村庄面上清洁向屋内庭院、村庄周边拓展,引导农民群众逐步养成良好卫生习惯。结合风俗习惯、重要节日等组织村民清洁村庄环境,有条件的地方可以设立村庄清洁日等,推动村庄清洁行动制度化、常态化、长效化
2022 年 6 月 15 日	关于深入开展本市 2022 年村庄清洁行动的通知	上海市实施乡村振兴战略领导小组办公室	在全域实施“五清一改”(清垃圾、清搭建、清杂物、清堆物、清张贴、改习惯),在全面清洁宅前屋后、河道水系、田间地头、道路两侧、公益林地、公共服务设施等各类环境基础上,进一步强化实施专项整治、提升村容村貌、协同疫情防控、建立常态机制四方面工作

续表

发布时间	文件名称	发文机关	相关内容
2022年11月25日	湖南省乡村建设行动实施方案	中共湖南省委办公厅、湖南省政府办公厅	大力实施以“三清一改”为重点的村庄清洁行动,从村庄面上清洁向屋内庭院、村庄周边拓展,引导农民群众养成良好卫生习惯和健康生活方式
2022年12月27日	重庆市乡村建设行动实施方案	中共重庆市委办公厅、重庆市政府办公厅	深入推进村庄清洁行动,扎实开展以清理“蓝棚顶”、无人居住的废旧房、房前屋后的杂物堆、田间地头的废弃物、管线“蜘蛛网”、农村爱国卫生运动为主要内容的“五清理一活动”,有序推进农村人居环境成片整治
2023年1月17日	山西省贯彻落实《农村人居环境整治提升五年行动方案(2021-2025年)》的实施方案	中共山西省委办公厅、山西省政府办公厅	聚焦交通干线沿线、村庄街巷、农户庭院、田间地头等重点区域,持续拓展村庄清洁行动,巩固“六乱”整治成果
2023年3月2日	关于做好2023年乡村振兴重点工作 加快推进农业强省建设的意见	中共四川省委、四川省人民政府	常态化开展村庄清洁行动,推进村容村貌整治提升
2023年7月18日	吉林省美丽乡村建设实施方案	中共吉林省委办公厅、吉林省人民政府办公厅	村庄清洁行动范围由村庄面上向屋内庭院、村庄周边拓展

G.8

地方政府供给农村人居环境管护服务研究

张鸣鸣　崔红志*

摘　要：　地方政府和职责部门、运行管理单位对农村人居环境长效管护负主要责任，可通过完善管理制度、设立标准规范、优化职能分工、加大财政投入、引入社会资本等方式，推进农村人居环境长效管护。但农村人居环境长治长效涉及多级政府、多个职能部门，不同环节的管理职责单位也有所不同，因此，政府上下层级以及各职能部门的政策目标存在不同，资金、人力、物力等投入方向、力度及时序存在差异，作用于千差万别的资源禀赋、经济社会发展水平以及农户个体需求，导致一系列矛盾和问题。应加快构建政府上下层级及其职能部门、运行管理单位的协同框架，探索跨行政区域协作，提高地方政府农村人居环境管护的机构能力。

关键词：　农村人居环境　地方政府　管护服务

我国将农村人居环境整治提升的目标定为满足民生需求、生态需求，大力推动人居环境管理，从中央到乡镇各级政府及其职能部门发挥了主导作用。政府不仅承担了制订战略计划、监督管理和资金补贴的责任，还提供了从筹

* 张鸣鸣，博士，农业农村部成都沼气科学研究所研究员、政策团队首席科学家，主要研究方向为农村公共产品理论、农村人居环境治理政策；崔红志，博士，中国社会科学院农村发展研究所研究员，主要研究方向为农村政策。

资到宣传动员、组织实施，再到垃圾污水从分类收集到最终处理服务链全过程的全面支持。农村人居环境长效管护中，地方政府及其职责部门、运行管理单位负主要责任，通过构建管理框架、优化职能分工、加强检查监督、实行奖励激励等方式，推进农村人居环境长效管护，既要尽可能提高机构管理效率，实现效果持续性，又要尽可能减少因财政负担加大、债务风险以及农民习惯改变等导致的负面影响。

农村生活垃圾污水处理涉及污染物从产生到最终处理或再利用整个环节，在这条服务链上，不仅有污染物收集处理的硬件设施管护，如污水处理站、垃圾焚烧厂、抽污车等，也需要大量的软件建设，如制度法律体系建设、农民认知和行为习惯改变、规范组织施工和管理流程等。技术模式、农民发动、企业产品的质量等都将直接影响农村人居环境整治提升效果。作为世界性难题，村庄环境长效管护具有目标多元性、内容复杂性、区域广泛性以及投入长期性等特征，即便是在全世界最发达的地区也面临各种问题和挑战，在发展中国家和地区矛盾更为突出。提升地方政府机构及管理运行单位能力，增强上下级政府和部门之间的协同合作，对于健全农村人居环境长效管护机制至关重要。

一　地方政府供给农村人居环境管护服务现状

《农村人居环境整治提升五年行动方案（2021-2025 年）》对地方政府及其职能部门提出了确定治理标准和目标任务、坚持规划先行、强化地方党委和政府责任、突出健全机制等工作原则，明确了加大财政投入及完善相关支持政策、推进制度规章与标准体系建设等工作要求。各地政府及其相关职能部门开展了大量的探索实践。

（一）管理制度方面

地方政府及其相关职能部门根据中央的要求和当地实际情况，设置农村生活垃圾治理、污水处理、改厕等重点领域的治理目标以及相应指标，要求各地级市及县（市、区）在一定期限内实现。规划在农村人居环境管理中具有引领和引导功能。以河南省为例，河南省是全国较早开展农村生活污水治理规划的省份，2022 年省生态环境厅、住房和城乡建设厅、农业农村厅、水利厅、财政厅、发展改革委等 6 部门联合印发《河南省农村生活污水治理规划（2021~2025 年）》，明确到“十四五”时期末，全省农村生活污水治理率达到 45%，基本消除较大面积农村黑臭水体，提出突出重点治理区域、科学推进新增设施建设、分类整治未正常运行设施、有序开展农村黑臭水体整治、积极推进污水资源化利用、强化运行和监督、重点工程等 7 个方面 22 项重点工作。县域层面，2020 年 6 月，河南省涉农县全部完成农村生活污水治理规划编制并通过审查，通过合理确定治理目标、治理模式、项目布局、建设时序、资金保障，促进农村生活污水治理与改厕、尾水利用、黑臭水体治理有效衔接，提升农村生活污水治理科学化、规范化水平。

专栏 1　近年来党中央、国务院有关农村人居环境整治提升的主要文件

2014 年，国务院办公厅印发《关于改善农村人居环境的指导意见》，提出以村庄环境整治为重点，以建设宜居村庄为导向，全面改善农村生产生活条件。

2015 年，习近平总书记在吉林延边朝鲜族自治州调研时指出，农村也要来场厕所革命，让农村群众用上卫生的厕所，将厕所革命推广到广大农村地区。

2018 年，中共中央办公厅、国务院办公厅印发了《农村人居环境整治三年行动方案》。

2019 年，中共中央办公厅、国务院办公厅转发《中央农办、农业农村部、国家发展改革委关于深入学习浙江“千村示范、万村整治”工程经验扎实推进农村人居环境整治工作的报告》。

2021 年，中共中央办公厅、国务院办公厅印发了《农村人居环境整治提升五年行动方案（2021-2025 年）》，为巩固三年行动成果，全面提升农村人居环境质量，以农村厕所革命、生活污水垃圾治理、村容村貌提升为重点，开展生态宜居美丽乡村建设。

（二）标准和规范体系方面

根据全国标准信息公共服务平台检索统计数据，我国现行与农村人居环境相关的地方标准和规范共有 98 条。从发布内容看，农村人居环境（村庄清洁）、农村生活污水、农村生活垃圾、农村厕所建设和服务分别为 16 条、61 条、16 条和 5 条，涵盖了环境管护及效果评价、污水处理技术及设施运维、生活垃圾分类处理及数字化管理、厕所管护及服务等方方面面。从发布省份来看，浙江省、陕西省和宁夏回族自治区均有 9 条，位列前三。从发布时间来看，有 85 条标准和规范为 2018 年以后发布，仅 2023 年前 9 个月就发布了 14 条，呈现快速完善的态势。

专栏 2　我国农村人居环境标准体系

2021 年 1 月，国家市场监管总局、生态环境部等印发《关于推动农村人居环境标准体系建设的指导意见》，明确指出我国农村人居环境标准体系包括三个层级，第一层级为子体系，分别是综合通用、农村厕所、农村生活垃圾、农村生活污水和农村村容村貌；第二层级为具体要素，包括综合通用 6 个、农村厕所 4 个、农村生活垃圾 4 个、农村生活污水 3 个、农村村容村貌 5 个；第三层级为细化分类的标准要素。当前中国农村人居环境国家标准、行业标准包括农村厕所 36 项、农村生活垃圾 55 项、农村生活污水 58 项、农村村容村貌 30 项。

——王登山主编《中国农村人居环境发展报告（2022）》，社会科学文献出版社，2023。

（三）机构职能分工方面

改善农村人居环境是各级党委和政府的重要职责，我国自上而下建立了中央统筹、省负总责、市县乡抓落实的工作推进机制。中央协调资金、资源，国家有关部门负责各自领域项目安排，同时加强与其他部门协作。农业农村部主要负责农村厕所革命，包括卫生厕所改造及厕所粪污无害化处理；住房和城乡建设部负责农村生活垃圾收运处置体系建设，包括农村生活垃圾收运处置设施建设和运行管理；生态环境部负责农村生活污水处理设施建设和黑臭水体治理；财政部、国家发展改革委、市场监管总局、供销合作总社等部门参与相关工作。各省级行政区党委和政府职能部门基本延续国家层面的职责安排，各省级部门与国家部门对接，申报项目并组织落实。县级党委和政府负责农村人居环境整治提升的组织落实工作，一般情况下延续省级分工，也有部分县（市、区）根据本地区农村经济社会发展阶段和资源禀赋条件，确定各部门职责分工。例如，河南省确山县由县城市管理局牵头负责农村生活垃圾治理，县住建局牵头负责农村生活污水治理，县农业农村局牵头负责厕所革命，县畜牧中心和农业农村局分别牵头不同农业生产废弃物资源化利用，村容村貌提升分别由县交通局、自然资源局和卫健体委等有关单位和各镇（街道）具体负责，完善建设和管护机制由县农业农村局牵头负责，县住建局负责牵头加强村庄规划工作，县财政局负责资金保障。而河南省荥阳市由于已经完成农村生活污水处理设施的全域覆盖，进入污水处理设施运维管护阶段，由市城市管理局统一负责全市农村生活污水处理设施运行维护、农村生活垃圾收集转运处理等工作。

与此同时，各地探索把竞争机制引入农村人居环境治理领域，上级政府加强对各地农村人居环境整治的检查、督查与名次排位。例如，对各地农村人居环境整治的推进情况进行检查和督查、对成效排位次、由政府主管部门或聘请第三方对各地农村人居环境整治情况进行评估、召开观摩会等。成效突出、位次靠前的地区，可以得到政治荣誉，也能得到一定的奖励，这就激励各地争相提高排位，做好整治工作。

专栏3　四川省成都市农村人居环境整治部门责任分工

市委组织部：负责农村党组织和党员队伍建设，研究、指导村（社区）党群活动中心优化提升建设，建立健全城乡基层治理机制。

市委宣传部：负责协同推进提升农村文明健康意识，把培育文明健康生活方式作为培育和践行社会主义核心价值观、开展农村精神文明建设的重要内容。指导做好农村人居环境整治示范典型宣传推广工作，营造全社会关心支持农村人居环境整治的良好氛围。

市委政法委：负责指导做好农村地区“雪亮工程”+网格化管理系统融合应用建设工作，探索建立联动融合、优质高效，与宜居乡村相适应的“雪亮工程”应用平台。

市委社治委：负责结合城乡社区可持续总体营造行动，充分发挥群众参与农村人居环境治理积极性、主动性，以社区发展治理构建农村人居环境整治长效机制。

市财政局：负责保障农村人居环境整治资金，创新财政支持方式，采取以奖代补、先建后补、统筹预拨等多种方式，发挥财政资金撬动作用，提高资金使用效率。

市经信局：负责推进农村电网升级改造工作和农村地区信息基础设施建设工作。

市民政局：负责指导区（市）县结合村镇区域规划推进村（社区）建制调整工作；指导区（市）县开展村（居）民自治活动；指导村（居）委会基层民主政治建设；指导、监督村（居）委会村（居）务公开等工作。

市规划和自然资源局：负责推进全市村规划提升工作，加强指导村规划编制，力争村庄规划管理全覆盖。负责指导做好村规划编制试点等工作，并根据自身职能做好农村治土相关工作，配合做好治霾及改造提升农村老旧院落和传统民居等工作。

市生态环境局：负责监督指导农村地区生态环境污染防治工作，牵头做好划定饮用水源保护区工作，加强对乡镇集中式饮用水水源水质监测，开展农村生活污水处理设施和畜禽规模养殖场排污口监督性监测试点工作。

市住建局：负责指导做好农村老旧院落、传统民居等既有建筑立面整治工作。负责指导100户以上农民集中居住区物业规范化管理，提升物业服务水平。

市城管委：负责统筹推进全市农村垃圾治理，建立健全符合农村实际、方式多样的生活垃圾收运处置体系，探索具有地域特色的垃圾分类处置方法，提升环卫基础设施，健全行政村常态化保洁制度。深入推进城乡公厕新（补）建攻坚行动。

市交通运输局：负责全面推进“四好农村路”建设，指导相关区（市）县实施农村公路建设工作，牵头完善乡村物流基础设施网络。

市水务局：负责指导全市农村排水设施建设和运行工作，协调推动地方开展村河、渠、塘、池清理。探索将农村水域环境卫生纳入河长制、湖长制管理。加强农村饮用水水源地保护。

市农业农村局：负责制定全市农村人居环境整治工作意见及相关办法，下达工作任务，统筹协调相关部门，定期不定期开展督促检查，总结推广成功经验；负责协调推进农业生产废弃物利用处理、农村户厕改造建设等工作，根据自身职能做好农村治土相关工作。

市公园城市局：负责结合天府绿道建设，开展村街巷和庭院绿化，建设绿色生态村庄。开展村庄古树名木调查、建档和保护。

市文广旅局：负责结合全域景观化景区化建设，推进乡村旅游“四改一提升”工程，推出乡村旅游精品村线路，指导星级“农家乐”建设。

市卫健委：负责推进卫生县城、卫生乡镇等卫生创建工作，配合做好农村厕所改造的健康教育、技术培训和效果评估等工作。负责卫生健康知识普及教育，逐步改变影响农村人居环境的不良习惯。

市政府督查室：负责指导农村人居环境整治督查考核工作，将农村人居环境整治纳入市级目标考核体系，加大考核力度。

市农林科学院：负责农村人居环境整治相关技术支持，参与制定人居环境整治标准体系。

——《成都市农村人居环境整治 2019 年行动计划》

（2019 年 6 月 11 日）

（四）财政资金投入方面

中央财政和地方财政均加大了农村人居环境整治投入力度，中央财政设置专项资金，支持各地开展农村人居环境整治工作，各省、市、县加大地方财政投入力度，各级财政形成合力，以真金白银投入切实改善农村人居环境。2016~2021 年，浙江省衢州市投入农村人居环境整治各领域资金累计超过 129.7 亿元，其中，省级以上财政投入 52.3 亿元，市级和县级财政投入分别达到 4.2 亿元和 73.2 亿元。与此同时，各地积极探索建立与农村人居环境整治提升重点任务相匹配的财政保障机制，将农村人居环境整治经费纳入各级政府的财政预算，为农村人居环境整治提升提供稳定的、持续的财力保障。支持和鼓励县（市、区）申请中央财政专项资金，鼓励县（市、区）整合各种项目资金，把农村人居环境整治、畜禽粪污资源化利用、秸秆综合利用、农村“一事一议”等工作结合起来，化“零钱”为“整钱”，将其投入农村人居环境整治提升领域，实现综合效益最大化。

（五）政府与社会资本合作方面

由政府筛选符合条件的农村人居环境管理项目并将其纳入 PPP 项目库，

社会资本通过特许经营、购买服务、股权合作等方式参与，政府与社会资本两者之间形成伙伴式合作关系，利益共享、风险共担。社会资本主要的投入领域是农村垃圾污水的后端处理，尤其是投资额很高的垃圾焚烧发电、全域污水处理设施和管网铺设等设备建设及运营。政府一般向社会资本提供土地政策优惠、电价补贴，支付垃圾污水处理费等。近年来，农村人居环境整治提升领域主要采取的政府和社会资本合作的方式包括 BOT（建设—运营—移交）、TOT（转让—运营—移交）、ROT（改建—运营—移交）、BOO（建设—拥有—运营）等。以农村污水处理为例，根据财政部政府和社会资本合作中心数据估算，2015~2022 年，全国各地农村污水处理 PPP 建设项目投资总额近 3000 亿元，平均每项投资额约为 11.6 亿元。

二 存在的主要问题

（一）上下级政府之间责任和权利不匹配

在以地方为主、中央补助的政府投入体系下，地方财权事权不匹配，客观上抑制了地方政府投入农村垃圾污水治理的动力。从公共产品理论及国务院办公厅印发的《生态环境领域中央与地方财政事权和支出责任划分改革方案》来看，农村人居环境管理属于地方财政事权，由地方承担支出责任，中央财政通过转移支付给予支持。但是农村税费全面取消之后，基层财政大多处于收支倒挂的状态，面对投入需求巨大的农村污水垃圾和环境卫生治理难题，地方财政资金缺口较大，无力履行全部支出责任。

（二）政府职能部门之间存在职能重叠和脱节

农村垃圾污水处理主要采取项目制推进，不同“项目”分散在不同职能部门，导致了财政资金运用中的“碎片化”问题。除农业农村部门（农办、农业农村局、乡村振兴局等）、住建部门、环保部门外，发改、卫健、科技、妇联等部门均有所涉及，这些部门掌控不同的公共扶持资金。不同渠

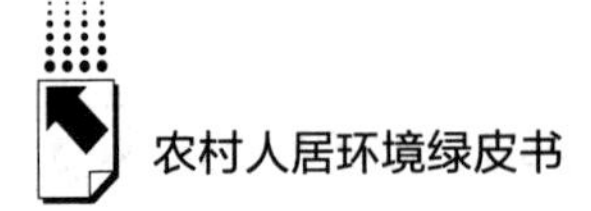

道的资金在使用方向、实施范围上又存在某种程度的交叉重复。部门间分散管理的资金整合难度大，很大程度上影响了农村人居环境项目建设及管护的有效性。例如，某地通过环保部门的农村环境整治资金建设了1座污水处理站，但该项目配套的管道铺设资金来自当地财政局，管网覆盖范围与污水处理能力不匹配，导致污水处理站未能按设计负荷运行，造成了财政投入的浪费。又如，某村污水处理项目规划在住建部门通过评审，环保部门按照规划实施，而农业农村部门在进行厕所改造时污水管铺设高度高于农户厕所排污高度，导致厕所下水无法接入污水管网。

（三）地方政府之间缺乏协调配合工作机制

农村人居环境整治提升整体上以行政区划为基本单位，但在实际执行过程中，由于资源生态是以山体、水系等地理单元进行划分的，必然会出现同一生态系统涉及不同行政单位的情况，加强地域间行政单元的合作有利于降低运行成本。例如，如果无法从邻近县（市、区）调运垃圾，就会产生存量焚烧厂处理能力闲置、各县却新建垃圾焚烧厂的矛盾。由于垃圾处理费、电价补贴是按照垃圾量、发电量进行计费的，因此，垃圾量的不足导致垃圾处理费减少和发电量减少，进而导致电价补贴减少。在目前的垃圾处理量下，焚烧厂的设备维护、人员成本等没有太大变化，使得单位垃圾量处理成本增加，盈利困难。

（四）政府管理的法治手段利用不足

作为具有外部性的公共事务，发达国家采取法律工具进行管理（见专栏4)，而我国各地在推动农村人居环境各项重点任务时，主要采取行政方式，法律工具运用明显不足。通过查询国家法律法规数据库，截至2023年3月，有效或待生效的农村人居环境管理法规规章共有59条（见表1)，主要为地方性法规，涉及农村人居环境、生活污水垃圾处理、村庄清洁等领域。由于这些法规规章对农村垃圾污水处理主体行为缺乏强制约束力，地方政府及其职能部门开展工作时缺乏资金和人员等预算依据，治理投入和效果更多地依赖领导干部的意志和思路，一旦领导干部发生变化，治理投入缺乏保障，进而导致治理效果不稳定、不连续。农户层面，由于垃圾污水的储存、还田利用等往往都在农户房屋之外，在缺乏足够监督和约束的情况下，农户更愿意对“屋内”或“地上”设施进行投资，对“屋外”或“地下”部分则尽可能少投入。

表1　各地农村污水处理和卫生管理相关法律

标题	制定机关	法律性质	时效性	公布日期
浙江省农村生活污水处理设施管理条例	浙江省人民代表大会常务委员会	地方性法规	有效	2019-09-27
南充市乡村污水处理条例	南充市人民代表大会常务委员会	地方性法规	有效	2021-10-08
玉屏侗族自治县乡村生活垃圾和生活污水治理条例	玉屏侗族自治县人民代表大会	地方性法规	有效	2020-09-28
咸宁市农村生活垃圾治理条例	咸宁市人民代表大会常务委员会	地方性法规	有效	2019-09-12
襄阳市农村生活垃圾治理条例	襄阳市人民代表大会常务委员会	地方性法规	有效	2017-12-20
肇庆市农村人居环境治理条例	肇庆市人民代表大会常务委员会	地方性法规	有效	2021-10-15
鹤岗市农村人居环境卫生管理条例	鹤岗市人民代表大会常务委员会	地方性法规	有效	2021-10-29
济宁市农村人居环境治理条例	济宁市人民代表大会常务委员会	地方性法规	有效	2022-01-26
辽源市农村人居环境治理条例	辽源市人民代表大会常务委员会	地方性法规	有效	2021-05-28
银川市农村环境保护条例	银川市人民代表大会常务委员会	地方性法规	有效	2018-09-20
宿州市农村垃圾治理条例	宿州市人民代表大会常务委员会	地方性法规	有效	2017-04-01
云浮市农村生活垃圾管理条例	云浮市人民代表大会常务委员会	地方性法规	有效	2016-12-07

续表

标题	制定机关	法律性质	时效性	公布日期
松原市农村人居环境治理条例	松原市人民代表大会常务委员会	地方性法规	有效	2020-08-12
白城市农村人居环境治理条例	白城市人民代表大会常务委员会	地方性法规	有效	2020-12-10
梅州市农村生活垃圾管理条例	梅州市人民代表大会常务委员会	地方性法规	有效	2021-10-14
甘肃省农村生活垃圾管理条例	甘肃省人民代表大会常务委员会	地方性法规	有效	2021-09-29
宜宾市农村生活环境保护管理条例	宜宾市人民代表大会常务委员会	地方性法规	有效	2021-10-11
阳江市农村生活垃圾管理条例	阳江市人民代表大会常务委员会	地方性法规	有效	2022-08-01
娄底市农村人居环境治理条例	娄底市人民代表大会常务委员会	地方性法规	有效	2022-08-19
河源市农村生活垃圾治理条例	河源市人民代表大会常务委员会	地方性法规	有效	2018-12-25
濮阳市农村生活垃圾治理条例	濮阳市人民代表大会常务委员会	地方性法规	有效	2019-07-01
金华市农村生活垃圾分类管理条例	金华市人民代表大会常务委员会	地方性法规	有效	2018-04-16
运城市农村环境卫生管理办法	运城市人民代表大会常务委员会	地方性法规	有效	2019-04-10
丹东市农村垃圾管理条例	丹东市人民代表大会常务委员会	地方性法规	有效	2020-04-20
眉山市农村人居环境治理条例	眉山市人民代表大会常务委员会	地方性法规	有效	2021-08-11
阜新市农村垃圾治理条例	阜新市人民代表大会常务委员会	地方性法规	有效	2021-12-15
长春市农村环境治理条例	长春市人民代表大会常务委员会	地方性法规	有效	2021-12-03

续表

标题	制定机关	法律性质	时效性	公布日期
龙岩市农村人居环境治理条例	龙岩市人民代表大会常务委员会	地方性法规	有效	2022-09-30
赤峰市农村牧区人居环境治理条例	赤峰市人民代表大会常务委员会	地方性法规	有效	2022-10-26
焉耆回族自治县农村人居环境整治条例	焉耆回族自治县人民代表大会	地方性法规	有效	2020-04-23
临汾市农村环境卫生综合治理促进条例	临汾市人民代表大会常务委员会	地方性法规	有效	2020-06-03
鄂尔多斯市农村牧区人居环境治理条例	鄂尔多斯市人民代表大会常务委员会	地方性法规	有效	2021-10-19
宽甸满族自治县农村人居环境管理条例	宽甸满族自治县人民代表大会	地方性法规	有效	2020-07-10
雅安市农村生活垃圾分类处理若干规定	雅安市人民代表大会常务委员会	地方性法规	有效	2020-11-30
广安市城乡污水处理条例	广安市人民代表大会常务委员会	地方性法规	有效	2018-12-13
巴中市城乡污水处理条例	巴中市人民代表大会常务委员会	地方性法规	有效	2019-12-06
铁岭市农村生活垃圾分类及资源化利用管理条例	铁岭市人民代表大会常务委员会	地方性法规	有效	2022-04-27
新宾满族自治县农村生活垃圾分类及资源化利用管理条例	新宾满族自治县人民代表大会	地方性法规	有效	2022-06-20
河北省人民代表大会常务委员会关于深入推进农村改厕工作的决定	河北省人民代表大会常务委员会	地方性法规	有效	2019-05-30
连云港市乡村清洁条例	连云港市人民代表大会常务委员会	地方性法规	有效	2019-12-10
邵阳市乡村清洁条例	邵阳市人民代表大会常务委员会	地方性法规	有效	2022-08-25
曲靖市乡村清洁条例	曲靖市人民代表大会常务委员会	地方性法规	有效	2022-12-01

续表

标题	制定机关	法律性质	时效性	公布日期
保山市乡村清洁条例	保山市人民代表大会常务委员会	地方性法规	有效	2021-11-29
丽江市乡村清洁条例	丽江市人民代表大会常务委员会	地方性法规	有效	2021-11-25
广西壮族自治区乡村清洁条例	广西壮族自治区人民代表大会	地方性法规	有效	2016-01-29
黔东南苗族侗族自治州乡村清洁条例	黔东南苗族侗族自治州人大常务委员会	地方性法规	有效	2021-08-12
西双版纳傣族自治州乡村清洁条例	西双版纳傣族自治州人大常务委员会	地方性法规	有效	2022-06-01
大理白族自治州乡村清洁条例	大理白族自治州人大常务委员会	地方性法规	有效	2017-04-27
伊犁哈萨克自治州乡村清洁条例	伊犁哈萨克自治州人大常务委员会	地方性法规	有效	2020-01-06
毕节市乡村环境卫生管理条例	毕节市人民代表大会常务委员会	地方性法规	有效	2022-06-06
德宏傣族景颇族自治州乡村清洁条例	德宏傣族景颇族自治州人大常务委员会	地方性法规	有效	2019-12-23
楚雄彝族自治州乡村清洁条例	楚雄彝族自治州人大常务委员会	地方性法规	有效	2020-10-16
忻州市乡村人居环境治理促进条例	忻州市人民代表大会常务委员会	地方性法规	有效	2021-08-09
四平市乡村人居环境治理条例	四平市人民代表大会常务委员会	地方性法规	有效	2021-10-11
河北省乡村环境保护和治理条例	河北省人民代表大会常务委员会	地方性法规	有效	2021-07-29
克孜勒苏柯尔克孜自治州乡村环境治理条例	克孜勒苏柯尔克孜自治州人大常委	地方性法规	有效	2020-12-18
呼伦贝尔市乡村人居环境建设管理条例	呼伦贝尔市人民代表大会常务委员会	地方性法规	有效	2023-05-01
黑龙江省杜尔伯特蒙古族自治县乡村环境卫生管理条例	杜尔伯特蒙古族自治县人民代表大会	地方性法规	有效	2007-01-01
陵水黎族自治县城乡容貌和环境卫生管理条例	陵水黎族自治县人民代表大会	地方性法规	有效	2017-04-05

专栏4　发达国家农村污水处理相关法律

1. 美国

美国没有为乡村污水治理设立专门的法律与管理机构，管理分散污水与集中污水的体系是相同的，只是在后期出现的法律条款内增加了有关面源污染控制或者分散污水处理的有关规定。1972年美国国会颁布了全国第一部完整的《清洁水法》（the Clean Water Act-CWA，USEPA，1972），该法案适用于农村污水治理。《清洁水法》通过设置生活污水排放标准对农村污水处理设施进行监控，采用国家污染物排放消除制度对排入地表水的农村水处理设施执行排污许可证制度，使用最佳管理实践对水质受损流域内的农村面源污染进行控制，采用最大日负荷总量计划对水质受损流域的所有农村污染源（点源和面源）制定排放限值。在此法案下，集中式污水处理是当时的主旋律。由于集中式污水处理对分散在城市区域外围的住房而言成本过高，从20世纪90年代起美国联邦政府开始寻找可替代集中式污水处理系统的方法。因此，1987年，美国国会通过了清洁水法的修正案，要求各州为分散污水治理建立计划和提供项目资助。2002年美国国家环保局出版了分散污水处理系统应用手册。

2. 日本

从1958年起，日本在水污染防治方面，相继颁布实施了《水质保护法》、《工业污水限制法》和《下水道法》等多部法律法规。1971年，日本正式实施《水污染防治法》，这是一部针对公共水域水质污染防治的综合性法律，它引入了总量控制的概念和方法，强调全国制定实施统一的水环境质量标准和水排放标准。但与此同时，生活污水的污染负荷占比逐渐上升，成为公共水体污染的主要来源。

20世纪60年代，随着很多公司推出适用于农村地区粪便处理的净化槽技术与设施，日本政府为了规范市场与建设标准，出台了《建筑基准法》。其明确规定了对净化槽处理能力的要求、净化槽结构、与建筑物之间的关系、类型认证等内容。1970年日本制定了《废弃物处理与清扫法》，明确了净化槽污泥处理方面的规定并进行多次修订。对于超过一定规模的净化槽，按照《水污染防治法》的规定来控制排放水的水质。1983年，日本制定了《净化槽法》，并于1985年10月开始实施，该法成为日本农村分散式生活污水处理的主要法律依据。《净化槽法》规范了净化槽的制造、安装、维护检修、清理等各个环节，同时为了保证实际操作的效果，还建立了净化槽施工企业及净化槽维护点检企业的注册制度、净化槽清理企业的许可制度，设置了净化槽设备士和净化槽管理士的国家资格。直到《净化槽法》先后经历2000年、2005年、2014年3次修订，针对净化槽的全流程管理体系才日益完善。

参考文献

黄文飞、韦彦斐、王晓红、贾青：《美国分散式农村污水治理政策、技术及启示》，《环境保护》2016年第7期，第63~65页。

USEPA, *Voluntary National Guidelines for Management of Onsite and Clustered Wastewater Treatment Systems*（*EPA/832/B*-03/001），Washington，DC，2003.

严岩、孙宇飞、董正举、吴钢、孔源：《美国农村污水管理经验及对我国的启示，环境保护》2008年第10期，第65~67页；日本环境整备教育中心，http：//www.jeces.or.jp/ch/index.html。

范彬：《日本农村生活污水治理的组织管理与启示》，《水工业市场》2010年第1期，第24~27页。

花瑞祥、蓝艳：《日本农村分散式污水处理经验与启示》，《2018中国环境科学学会科学技术年会论文集（第二卷）》2018年8月。

（五）政府对社会资本参与的支持和监管不够

一是补贴政策不持续、不明晰，对于社会资本的进入和运行均有影响。其一，社会资本进入前，都会进行项目的收支评估，收益政策的不确定性导致社会投入存在潜在风险，企业不愿进入。其二，对于已经进入的社会资本，补贴政策的不持续则会导致企业收支不平衡，处理成本高而收益低，企业面临停运风险和长时间无法盈利的困境。以垃圾焚烧发电为例，按照相关规定，并网发电的生活垃圾焚烧发电（含沼气发电）新增项目，国家后续补贴政策尚不明确。

二是一些地方政府的各类空间性规划对乡村发展用地安排不足，部分地区将有限的建设用地规模指标、农转用指标等重点用于市县中心城区，对农村地区支持不够，导致农村垃圾污水设施建设缺乏用地空间和指标保障。

三是农村生活垃圾污水服务链长，虽然各地均鼓励多种市场主体参与，但是具体政策支持措施整体不足，经处理后的生活污水利用、可回收垃圾市场等补贴较少，垃圾污水资源化利用带来的收益并不足以覆盖成本，对社会资本的吸引力不足。

四是监管体系尚不完善，存在无序发展现象。根据生态环境部 2019 年发布的《生活垃圾焚烧发电厂自动监测数据用于环境管理的规定（试行）》，垃圾焚烧厂应当安装自动监测设备，并与生态环境部门的监控设备联网，以判定垃圾焚烧厂是否存在破坏环境行为，但是在实际操作中，存在监管缺失的情况。据调研，少数不规范企业为节约成本，即使达不到减少污染气体所需的高温，也不添加助燃剂等，而是选择以不联网的方式避免监督。而监督体系尚不健全、监督人员较少、监督落实不到位，使得这些企业违反规定而没有得到及时处罚，扰乱了市场的正常运行，降低了守法企业进入的积极性。

（六）地方政府工作人员能力有待提升

改善农村人居环境，是建设宜居宜业和美乡村的重要方面，有利于农民福祉增进和生态环境保护，能够有力推动实现联合国可持续发展目标第 3、第 6 和第 11 项。但调查发现，在推进农村污水垃圾治理和厕所革命时，地方政府及其职能部门对这项工作的战略性和系统性还缺乏清晰的认识，往往沿袭已有工作方式、完成现有工作内容，由此产生三个方面的问题。一是政策落实力度和成效滞后于政策目标，各地缺乏人、财、物保障是普遍存在的问题，其本质是地方政府对这项工作重视不够。二是工作人员的知识和技术储备不足，农村垃圾污水管理涉及面广、内容繁杂、技术模式较多和流程较长，受工作人员相关技术知识储备的约束，一些地方照搬城市垃圾污水处理技术模式，运行成本大大超出农村负担能力导致无法运行，一些地方推广的改厕产品不符合农民需要导致农民不愿用、不维护。三是工作的主动性和创造性不够，农村人居环境管理大多数项目需要农民的参与，不仅要满足农民需求，也要在与农民的广泛沟通中提升效率、降低成本。但调研发现，一些地方将指标和项目摆在更优先的位置而忽视与农民的互动，导致一些项目实施后不能使用，例如在户厕改造时采取水冲式厕所，但农户厕所未接通自来水导致无法使用。

三　简要结论和对策建议

地方政府是农村人居环境的主要监管者、设施建设和运行（公共部分）的主要供给者，增强地方政府管理能力、提高政府层级以及部门之间的协作水平，对于农村人居环境长治长效具有关键作用。在中央制度框架下，各地方政府及其职能部门普遍制定了明确的农村人居环境整治提升目标，并细化执行方案，真金白银投入、强化机构职能分工、引入社会资本等措施，使我国农村人居环境在较短时期实现了翻天覆地的变化。值得注意的是，农村人居环境整治提升涉及多级政府的多个职能部门，不同环节的管理职责单位也有所不同，因此，政府上下层级以及各职能部门的政策目标有所不同，资金、人力、物力等投入方向、力度及时序存在差异，作用于千差万别的资源禀赋、经济社会发展水平以及农户个体需求，导致了一系列矛盾和问题。

下一步工作中，应立足国情、农情和地方发展阶段特征，构建地方政府及其职能部门、管理运行单位的协同工作框架，构建农村人居环境整治提升长效管护机制。

一是在总体要求上，基于农村垃圾污水处理流程的复杂性和特殊性，以及持续投入、久久为功要求，应明确“公平、效率、财务可持续”三合一的农村人居环境整治提升的机构协同目标，不提超越发展阶段的过高要求，根据各地情况，从花钱少、见效快的领域出发，科学制定量化指标。

二是在实施原则上，聚焦生态环境治理和公共卫生管理的结果公平，而非项目建设的投入公平，确定农村生活垃圾污水处理的模式、时间、地点等。提供与当前当地发展阶段相适应的服务，以农村生活垃圾污水资源化利用、处理服务质量可控可靠为重点，防止资源要素、设施设备的浪费。聚焦财政可负担、成本可回收，确定政府、农民以及社会资本参与的模式和时机。聚焦财政资金引导农民行为，鼓励农民全领域、全过程参与，激励农民投资投劳、主动作为。

三是将农村垃圾污水设施管护纳入财政资金保障范围。新建设施以建管同步为投资重点，统筹考虑工程建设和运行维护；已有设施明确产权归属，以区域性一体化管理平台和管理队伍建设为投资重点，推动规模化、专业化管理以提升设施利用效率。

四是建立政府工作推进激励机制。对农村人居环境整治提升成效显著、创新运行管护模式的机构单位予以奖补，鼓励跨行政区域整合政府项目建设及管护，尽量减少或免除乡镇筹资责任。同时，通过提高待遇、培训、绩效管理等方式，提高乡镇指导、服务、监督农村生活污水处理建设和运维服务的水平。

五是鼓励政府与社会资本在农村生活垃圾污水处理服务链上的纵向和横向合作，通过区域内多个农村生活污水处理建设项目整体打包开发方式增加对企业等社会资本的吸引力。推动供水和污水处理一体化管理，探索在供水过程中代收污水处理费的方式，甚至可将水源地管理、农村黑臭水体整治、中水回收灌溉等一同纳入，实现水资源一体化管理，以提高项目收益预期。探索社会资本开展农村多种污染物共同治理的可行路径，将厨余垃圾、秸秆、畜禽粪污等统一处理，探索排污权、碳汇等指标补偿和交易的有益办法和机制。

G.9

农村人居环境农民付费制度的理论与实践

——以河南省为例

李　越*

摘　要： 探索农村人居环境整治农民付费制度是提高投入强度和增强持续性的必然选择，是农民承担相应义务、分担适当成本的合理实践。本文基于文献研究和河南省典型县（市、区）的入户问卷调查，以农村改厕、农村污水处理、农村垃圾处理三大领域为重点，深入研究农村人居环境整治农户付费制度的可行性及其实施方式，为探索农村人居环境整治农民付费制度、健全农村人居环境整治可持续性长效投入机制提供借鉴。

关键词： 农村人居环境　农民付费制度　长效投入机制

开展农村人居环境整治、建设生态宜居和美乡村，既是农民对美好生活的期待，也是实现乡村全面振兴的必然选择。2018 年农村人居环境整治三年行动实施以来，我国农村长期存在的“脏乱差”局面得到扭转，人居环境明显改善。但农村人居环境治理是一项综合性、长期性、复杂性工程，建设和运营资金来源单一、资金保障不到位、可持续投入保障机制不健全等问题，在很大程度上影响农村人居环境整治的效果，甚至出现因设施运行过程中无

---

* 李越，博士，中国农业科学院农业信息研究所助理研究员，主要从事农业风险管理与农业保险、农村社会保障相关研究。

人付费，导致设施运行水平较低或处于闲置状态的现象。2021 年中共中央办公厅、国务院办公厅联合印发《农村人居环境整治提升五年行动方案（2021-2025 年）》，对农村人居环境整治提出了更高要求，不仅对农村改厕、污水处理、垃圾治理等具体任务提出了新的目标，更将建立健全农村人居环境整治长效投入和运营机制摆在了更加突出的位置，鼓励有条件的地区依法探索农村人居环境整治农民付费制度，逐步建立农户合理付费、村级组织统筹、政府适当补助的运行管护经费保障制度。

探索农村人居环境整治农民付费制度的要求是必要且迫切的。一方面，农村人居环境整治是具有较强公益性和正外部性的准公共产品，主要应由政府提供并承担相应成本，但农村人居环境整治投入资金巨大，而基层政府财力普遍薄弱，投入的强度和持续性严重不足。另一方面，农村居民在农村人居环境整治中居于主体地位，其作为农村环境污染物的主要生产者和农村人居环境整治提升的直接受益者，分担适当成本存在合理性。此外，农村人居环境整治项目中不仅包含了超越行政村范围和户外村内的准公共品，也有属于农村居民的私人产品，由农村居民支付相应费用也是合理的。然而，也有不少观点认为，受限于农户支付意愿、支付能力等操作层面的困难，现阶段推广农村人居环境整治农民付费制度仍缺乏可行性，同时对于农民付费制度的实现形式、实施环节和领域等也缺乏总结和梳理。为此，本文基于文献研究和河南省典型县（市、区）的入户问卷调查，以农村改厕、农村污水处理、农村垃圾处理三大领域为重点，深入研究农村人居环境整治农户付费制度的可行性及其实施方式，为探索农村人居环境整治农民付费制度、健全农村人居环境整治可持续性长效投入机制提供借鉴。

一　农村人居环境整治农民付费制度实施现状

（一）调研概述

2021~2023 年，由中国社会科学院农村发展研究所、农业农村部成都沼气科学研究所、中国农业科学院农业信息研究所有关专家组成的课题组，赴河南省郑州市、开封市、周口市等8个地级市的15个县（市、区）开展了实地调研并在郑州市荥阳市和中牟县、商丘市梁园区和永城市、南阳市淅川县和卧龙区，分别选取经济发展水平不同的3个乡镇、在每个乡镇选择2个具有代表性的行政村，进行入户访谈和问卷调查，共获取有效问卷456份。问卷主要分为基本信息、厕所革命、污水处理、生活垃圾处理、评价建议5个部分，重点了解农户对人居环境整治的认识、评价、参与和投资投劳意愿等。

调研样本以男性为主，占比60.45%；受访者平均年龄为54岁；受教育程度以初中（48.88%）和小学（20.09%）居多；中共党员占比为12.86%；就业状况以农业就业为主（43.88%），非农就业占比22.94%。在居住位置上，县城周边村、乡镇政府所在地村庄、中心村分别占比17.59%、5.79%和19.38%，其余57.24%的受访者所在村庄为一般村庄。在居住形式上，88.74%的受访农户生活在传统村落，8.61%的受访农户生活在统一规划的集中小区；农户房屋以砖混结构为主，占比93.58%，平均建于2005年。受访农户居住相对稳定，绝大多数受访者近三年没有在本村建新房或购置新房的打算（88.64%），也没有搬迁到村外居住的打算（90.67%）（见表1）。

表1　样本构成情况

单位：人，%

项目		样本量	占比
调研地点	荥阳	77	16.89
	中牟	78	17.11
	梁园	75	16.45
	永城	74	16.23
	淅川	74	16.23
	卧龙	78	17.11
性别	男	269	60.45
	女	176	39.55

续表

项目		样本量	占比
平均年龄(岁)		54.01	
受教育程度	未上学	31	6.92
	小学	90	20.09
	初中	219	48.88
	高中	66	14.73
	中专	19	4.24
	职高技校	1	0.22
	大学专科	17	3.79
	大学本科	5	1.12
	研究生	0	0.00
政治面貌	普通群众	384	85.14
	中共党员	58	12.86
	共青团员	7	1.55
	民主党派	0	0.00
	其他	2	0.44
就业状况	全职务农	197	43.88
	非农就业	103	22.94
	兼业	43	9.58
	学前儿童或在校学生	4	0.89
	因病因残无法就业	2	0.45
	无业/待业	68	15.14
	离退休	29	6.46
	其他	3	0.67
居住位置	县城周边	79	17.59
	乡镇政府所在地	26	5.79
	中心村	87	19.38
	一般村庄	257	57.24
	其他	0	0.00
居住形式	统一规划的集中小区	39	8.61
	传统村落	402	88.74
	散居	2	0.44
	独居	9	1.99

续表

项目		样本量	占比
居住形式	其他	1	0.22
房屋结构	土木	2	0.44
	砖木	19	4.20
	砖混	423	93.58
	框架	8	1.77
平均建设年份		2005 年	
近三年是否有建新房或购房打算	是	24	5.35
	否	398	88.64
	说不清	27	6.01
近三年是否有搬迁打算	是	16	3.56
	否	408	90.67
	说不清	26	5.78

（二）农村厕所革命农民付费实践

户厕改造是农民庭院内的“私事”，也是建设和管护环节农户均有付费的人居环境整治项目。首先，在建设环节，通过适当投资，提高户厕品质。调查中，各县市普遍对于户厕改造给予1200~2600元/户的改厕补贴，在此基础上，部分农民根据自己的需求额外出资更换厕具、建设更高标准厕屋等。根据问卷调研，农户改厕平均花费为545.4元，其中，33.55%的受访农户在政府改厕补贴之外有额外支出。其次，户厕改造完成之后，厕所的日常运维相关费用基本上由农民自行负担，主要是厕所的日常清掏和损坏后的修缮。根据调研，2022年，超过40%的受访者都支付了厕所使用和维修的费用，平均使用和维修费用为101元。

值得一提的是，在化粪池清掏服务领域，河南省探索形成了较为有效的政府引导、市场主体参与、农户付费的市场运行机制。经过无害化处理的污水和粪水，可以作为农业生产的水肥，这就为户厕清掏和粪污再利用提供了市场化运作的条件。有些地区（如滑县、虞城等）探索由政府出资配置抽污车，由市场主体提供农村厕所清掏服务，并将粪污有偿提供给规模种植主体的市场化运营机制。有些地区（如兰考县）探索财政支持在农业特色产业基地、花卉基地、苗圃基地周边修建大三格化粪池，这些基地的经营者通过水肥一体化项目等措施，实现了农村废水粪水的资源化再利用。这些方式不仅减轻了财政压力，还实现了农村废水粪水的循环利用，同时市场主体的快速响应也获得了农户的认可。根据问卷调研，化粪池满后，31.71%的农户付费请村委会（3.83%）或私人（27.87%）前来清掏，一次清掏费用为10~50元，私人收费清掏服务满意度高达87.5%。

（三）农村生活污水处理农民付费实践

农村污水处理涉及全域内污水处理管道的一体化设计、铺设和改造，系统性较强，参与门槛较高，因而农民支付意愿和支付水平都较低。首先，在建设环节，相关投资主要由政府及社会资本承担，农户不需要支付费用。其次，在运维管护环节，农户也很少需要为污水处理支付费用。从调查情况来看，目前86.72%的农户尚不需要为污水处理付费，仅4.8%的农户2022年支付了污水处理费。

不仅实际支付水平不高，农民对于农村污水处理的支付意愿也有限。"污水处理设施投资意愿"问题的347个有效回答中（见图1），有39%的受访农民能接受100元以内的投资，占比最高；11%的农户能接受500元以内的投资；能接受500~1000元投资额的农民相对较少，仅占1%；另有31%的农民持"别人投多少我投多少"的态度；同时，也有近10%的农户表示不愿意投资。而对于管护运维环节污水处理费的支付，相较于城市中根据自来水费用量按比例同步收取污水处理费的做法，由于农村地区自来水费收取本就不普及，在此之外收取污水处理费的做法现阶段还较难被农民接受。

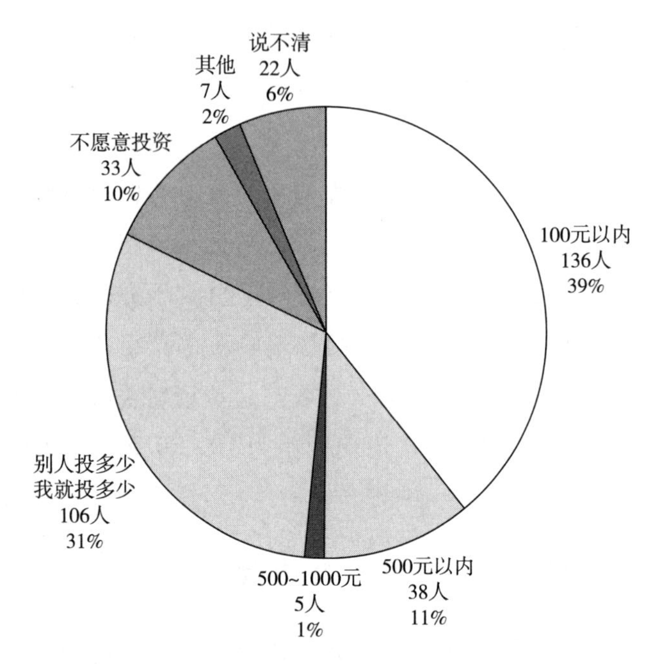

图1　不同金额影响的农村污水处理设施投资意愿

（四）农村生活垃圾处理农民付费实践

农村生活垃圾处理农民付费制度是农村人居环境整治农民付费制度最有潜力的探索领域。尽管与污水处理项目类似，垃圾处理项目建设环节系统性较强，农民参与往往较少，但在后期运维管护环节，农村生活垃圾处理农民付费制度的发展则较为迅速，主要有以下两种实践形式。一是通过村民自治，形成本村内部的相对制度化的垃圾处理农民付费办法。例如，河南省兰考县、太康县等地建立“每天5分钱，干净一整年”的“5分钱”工程，即每人每天收取5分钱卫生费，用于保洁员工资、卫生户奖励等支出。以兰考县为例，该县各村按照“四议两公开”工作法，实施“5分钱”筹资工程，建立公共财政投入与村民适当缴费相结合的市场化保洁经费保障制度，全县65万农民每年通过“5分钱”工程筹资1200万元，用于基础设施维修和公共服务开支。二是通过政府文件形式，推动农村垃圾处理农民付费制度进一步规范化。例如，河南省灵宝县、梁园区等地发改委通过出台农村生活垃圾处理费计收标准，对生活垃圾处理费的收取对象、收取标准、使用范围等进行规范。以梁园区为例，2021 年该区发改委出台了《关于商丘市梁园区农村生活垃圾处理费计收标准的批复》，制定了常住人口按照每人每年 20 元的标准（约合 5.5 分钱/天），经营性场所、餐饮娱乐业按面积收取农村生活垃圾处理费的办法，形成了制度化的农村生活垃圾农民付费制度。

总体来看，农民对于支付垃圾处理费接受程度较高，支付意愿较强。根据问卷调研，22.2%的受访农户在 2022 年支付了垃圾处理费，平均缴费标准为 20 元/（人·年）或 5 分钱/（人·天），户均缴费约 77 元/年。超过 85%的已缴费农民认为这项费用及缴费标准是合理的；而在未实行农民垃圾付费制的地区，也有超过 60%的农户愿意缴纳垃圾处理费。

二　农村人居环境整治农民付费制度的实践效果与经验

尽管河南省在农村人居环境整治不同领域的农民付费探索进展不一、特点多元，但总体而言，农民付费制度展现出了较大的发展潜力和空间，回应了对于农民付费制度是否可行的疑虑，并对农村人居环境整治形成了多重促进作用。

（一）农民付费意愿是检验农村人居环境整治成果的“试金石”

农民是农村人居环境整治的直接受益者，农村人居环境整治农民付费制度之所以能够顺利开展，得益于近年来农村人居环境的显著改善，也反映了农民对环境整治的需求和期盼。从整体上看，河南省实施的农村人居环境整治工作得到了农民普遍认可。问卷调查显示，对本村垃圾处理、污水处理和家庭如厕条件感到满意的受访者占比分别达到 95.8%、88.7%和 94.5%。在受访者对本村环境最满意的诸多项目中，选择保洁和垃圾处理、村庄污水处理、改厕的共计占 44.4%（见图 2）；96.9%的受访者认为他们的居住环境比五年前有改善。

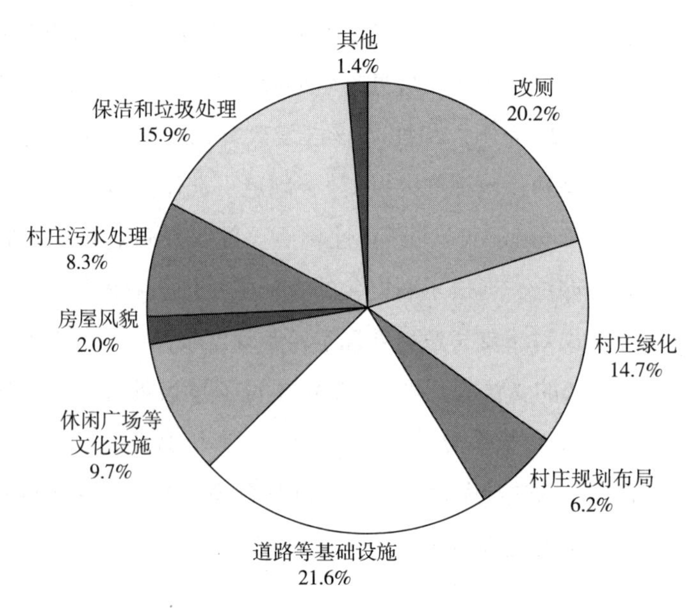

图2　受访者对本村环境最满意的方面（多选，限3项）

（二）农民付费成为农村人居环境整治运维资金的稳定来源渠道

农村人居环境整治是一项长期性、持续性工程，随着农村人居环境整治提升工作的深入推进，农村人居环境整治的资金投入压力不断加大，运行、管护机制不健全、资金保障不到位容易导致人居环境整治项目“建而不用”的浪费局面。调研发现，作为农村人居环境整治主要投入主体的县级政府，仅垃圾处理一项，每年投入普遍在数千万元规模。例如，开封市兰考县每年的农村生活垃圾处理费为4550万元，由县财政承担。商丘市永城市每年全域保洁（清扫、转运）的费用为7600万元，由市财政承担。实际上，完全由县乡财政承担农村生活垃圾处理费很难持续下去。

常态化垃圾处理费的缴纳，为农村生活垃圾运行、管护提供了有力保障。以商丘市梁园区为例，为了加强农村生活垃圾收集转运处置工作的资金保障，该区把农村生活垃圾治理投入纳入财政预算，区财政每年安排资金2559万元。同时，按照区发改委制定的农村生活垃圾处理费收费办法，该区每年可收取生活垃圾处理费472万元，约相当于区级财政投入的1/5。这笔资金作为行政事业性收费，进入乡镇专门账户，再由乡镇返还给各村，用于村内垃圾处理和卫生环境维护相关支出，成为对农村生活垃圾处理资金的重要补充。

（三）农民付费有助于激发农民参与人居环境整治和乡村治理的内生动力

村庄公共环境的准公共物品属性，使其容易因产权不明晰条件下个体追求个人利益最大化而形成“公地悲剧”，导致农村公共空间的垃圾治理难度大、成本高、效果差。由于缺乏有效的激励约束机制和稳定明确的参与渠道，村庄公共卫生环境维护在很多农民心中一直被视为政府的事，是村干部和保洁员的责任。一些农民自家院落干净整洁，对院落周边的公共环境却不太上心，只做旁观者、不做参与者的心态比较普遍。

农民付费制度的实施让农民充分意识到村庄公共卫生环境维护的个体责任，从而自觉抵制垃圾乱扔乱堆、污水乱排乱倒的不良行为。同时，作为消费者的他们更愿意也更有理由关心缴费之后的人居环境整治效果、整治成本，更愿意行使自己的监督权、建议权，从而更加充分地参与农村人居环境治理。而于村集体来说，农村人居环境整治费用的管理，让许多集体经济薄弱村甚至空壳村的村民自治有了具体的载体。处理费“怎么收、怎么用”、“环境卫生怎么治理、怎么维护”，一系列具体问题的参与，有助于培养村民的乡村治理参与意识，形成政府、村集体、村民等共谋、共建、共管、共评、共享机制。从长远发展来看，有利于农村人居环境的进一步改善和乡村善治的实现。

三　农村人居环境整治农民付费制度发展的主要挑战

（一）农民对农村人居环境整治的理解和认知存在偏差

认知是行为的基础，农民是否愿意为农村人居环境整治项目付费，取决于其对环境治理的参与意识、责任意识，也取决于其对支付费用后环境治理效果的感知。尽管如前所述，农民对近年来农村人居环境整治效果的高度认可，提升了农民为污水治理、垃圾处理等人居环境整治项目付费的意愿。但长期以来政府在农村人居环境整治中的大包大揽，使得农民农村人居环境整治的责任意识、参与意识偏弱，不少农民认为人居环境整治是政府的事，从而不愿意为之支付费用。例如，“农村污水处理设施投资主体”问题的有效回答中（见图 3），83%的受访农民认为修建污水处理设施是政府（65%）和村集体（18%）的事，仅有 8%的受访农户认为污水处理项目建设环节也有农民的责任。

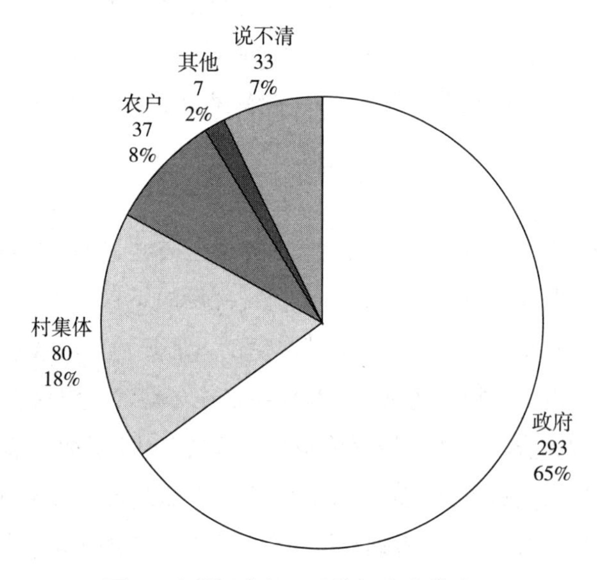

图 3　农村污水处理设施投资主体认知

（二）农民人居环境整治整体参与不足

农民付费是农民参与农村人居环境整治的方式之一，农民在农村人居环境整治中的参与，更体现为对人居环境整治需求的表达、对人居环境整治项目实施方案的意见表达、对人居环境整治项目效果的监督。这既是农村人居环境整治农民主体地位的体现，也是农民作为环境整治这一产品“消费者”

应当享有的权益。然而，当前我国农村人居环境整治项目“自上而下”的推动方式，使得农民在农村人居环境整治中的整体参与不足，进而导致几方面问题。一是部分项目及其技术方案等，与农民“自下而上”的需求并不完全匹配，从而降低了农民为之付费的意愿。二是参与的缺乏使得农民对于项目投入成本缺乏客观认知，从而难以将个人支付的费用与投入成本进行比较，因此即便费用仅占其收入极低的比例，也不愿意支付，这符合敏感性递减原理。与此同时，因为农民未参与污水垃圾设施建设过程，对技术、设施设备质量及运行方式不了解，会放大其损毁风险而拒绝为相关技术工程投资，这一点在户用厕所粪污处理设施的应用上表现得十分明显。

（三）农民付费相关政策配套不健全

尽管近年来国家出台的各项农村人居环境整治相关文件，对于建立农村人居环境整治农民付费制度的政策指向十分明确，但由于缺乏国家层面的具体政策依据和操作层面困难，基层干部开展这项探索的积极性不高。例如，不同技术模式下农村污水处理、垃圾处理等的成本差别较大，污水处理费、垃圾处理费收费标准应该如何设定，尚缺乏有指导性的标准和建议作为参考。又如，农民缴纳费用应该如何管理、如何使用，也缺乏规范性的指导意见，导致不少地方在探索农村人居环境整治农民付费制度时，往往需要摸着石头过河，有时还承担着一定的行政风险，降低了地方探索农村人居环境整治农民付费制度的积极性。此外，一些操作层面的障碍也制约着农民付费制度的实施。以农村污水处理费收缴为例，由于农村供水一般按区域划片，不同水务公司自来水费的定价机制不同，难以通过村集体代收方式收取污水处理费。

四　健全农村人居环境整治农民付费制度的建议

（一）因地制宜开展农村人居环境整治农民付费制度

农民对于农村人居环境整治项目的支付意愿存在较大的人际差异、区域差异、项目差异，因此农村人居环境整治农民付费制度的开展必须因人而异、因地制宜，特别是要尊重农村地区特有的经济、社会、文化情况。首先，在是否要开展农民付费制度时，应结合各地实际情况综合考虑。例如，对于农村生活污水处理付费制度，受访农民呈现“低意愿、低行动”的特点，这与本地气候条件、农村地理条件下，农村生活污水较易蒸发，对农户生活环境影响不大有关。因此对于是否要收取农村生活污水处理费的问题，应该采取审慎态度。其次，在确定农民付费制度的收费标准时，也应该尊重农村现阶段实际情况。农村人居环境整治农民付费制度在农村地区仍属于新鲜理念，推广初期应以农民付费意识培养为主，不宜追求过高的收费标准。随着农村生活垃圾处理农民付费理念被更多农民理解和接受，可根据“谁污染、谁付费”原则，逐步开展农村环境卫生管理的成本测算，构建更加完善的成本分担机制，让农民付费更加有据可依。

（二）健全有利于农民全过程参与的决策机制

在农村人居环境整治农民付费制度的推行过程中，应充分尊重农民的主体地位，健全从需求表达、方案讨论到方案表决、决议执行和效果监督全过程的农民参与机制。通过村民自治确定适宜的收费对象和收费标准，而且由农民决定相关费用如何使用、要达到什么样的效果等，并对付费之后的人居环境整治项目实际效果和卫生环境等费用的使用情况等进行监督。

（三）健全制度保障和资金配套，提升各方参与积极性

一是国家层面应尽快出台农村污水处理、垃圾治理、户厕改造的技术参考指南，为不同地区选择成本适宜、技术可靠的农村人居环境整治实施方案提供参考。二是省级层面应出台农村人居环境整治农民付费制度的指导办法，对农民付费的收费标准、使用办法、财务管理等做出原则性规定，降低基层政府探索农民付费制度的行政风险，提高地方政府积极性。三是试点县（市、区）结合本地实际，通过政府正式文件，对农村人居环境整治农民付费项目的收取对象、收取标准、使用范围、财务管理制度等予以规范。此

外，在探索农村人居环境整治农民付费制度的同时，不能忽视政府在农村人居环境整治领域的配套投入。可以借鉴四川省仁寿县等地的做法，县乡财政对各村缴纳的垃圾处理费按照一定比例进行配套补贴，从而激发农民缴费积极性。

G.10
中国农村人居环境管护标准现状、问题及建议

冉 毅 周小琪*

摘 要： 本文通过检索中国农村人居环境管护相关国家标准、行业标准、地方标准、团体标准及企业标准，分析了农村卫生厕所、生活垃圾、生活污水、村容村貌4个方面的管护标准现状，发现相关领域存在管护标准数量较少、适用性不强、责任主体较单一等问题。为进一步完善农村人居环境整治管护标准体系，本文提出加强技术支撑、明确责任主体、加强多方合作、加快市场化机制运用等建议。

关键词： 乡村振兴 农村人居环境 标准体系 管护标准

一 引言

改善农村人居环境，是以习近平同志为核心的党中央从战略和全局高度作出的重大决策部署，是实施乡村振兴战略的重点任务，事关广大农民根本福祉，事关农民群众健康，事关美丽中国建设。我国长期以来主要关注城市环境治理问题，近年来，对农村环境的关注度才有所提高。2014年，《国务院办公厅关于改善农村人居环境的指导意见》提出，加快编制村庄规划，分类确定整治重点，大力开展村庄环境整治，稳步推进宜居乡村建设。在此之后

---

* 冉毅，农业农村部成都沼气科学研究所质检中心主任，高级工程师，主要研究方向为检测技术与标准化；周小琪，农业农村部成都沼气科学研究所硕士研究生，主要研究方向为农业资源与环境检测技术。

的2018年，农村人居环境整治三年行动开始实施，各地区各部门认真贯彻党中央、国务院决策部署，全面扎实推进农村人居环境整治，扭转了农村长期以来存在的“脏乱差”局面，村庄环境基本实现干净整洁有序，农民群众环境卫生观念发生可喜变化、生活质量普遍提高，为全面建成小康社会提供了有力支撑。但是，我国农村人居环境总体水平不高，还存在区域发展不平衡、基本生活设施不完善、管护机制不健全等问题，与农业农村现代化要求和农民群众对美好生活的向往还有差距。为进一步加快改善农村人居环境，尽快建立健全农村人居环境标准体系，市场监管总局、生态环境部、住房和城乡建设部、水利部、农业农村部、国家卫生健康委、国家林草局等七部门于2021年1月19日印发《关于推动农村人居环境标准体系建设的指导意见》。

2021年12月，中共中央办公厅、国务院办公厅印发了《农村人居环境整治提升五年行动方案（2021-2025年）》。为加快农村人居环境整治提升，根据当前农村人居环境发展现状和实际需求，文件明确了五大方面3个层级的农村人居环境标准体系框架，确定了标准体系建设、标准实施推广等重点任务，提出了运行机制、工作保障、技术支撑、标准化服务等4个方面的保障措施。作为农村人居环境标准体系中的一个重要组成部分，管理管护不可或缺，而目前的管理机制单一，缺乏统一标准，管理效果也较差，这严重影响了农村人居环境的提升。本文通过检索中国农村人居环境管护的相关标准，分析管护标准现状和存在的问题，为推进管护标准制定实施、完善管护制度提出建议。

二　农村人居环境管护标准现状

农村人居环境标准体系框架如图1所示。首先，体系分为综合通用、农村厕所、农村生活垃圾、农村生活污水、村容村貌5个方面。其次，3个层级中，第一层级包括综合通用、农村厕所、农村生活垃圾、农村生活污水、村容村貌标准子体系；第二层级由第一层级展开，包括6个综合通用要素、4个农村厕所要素、4个农村生活垃圾要素、3个农村生活污水要素、5个村容村貌要素；第三层级由第二层级展开，对相应标准要素作出进一步细化分类。

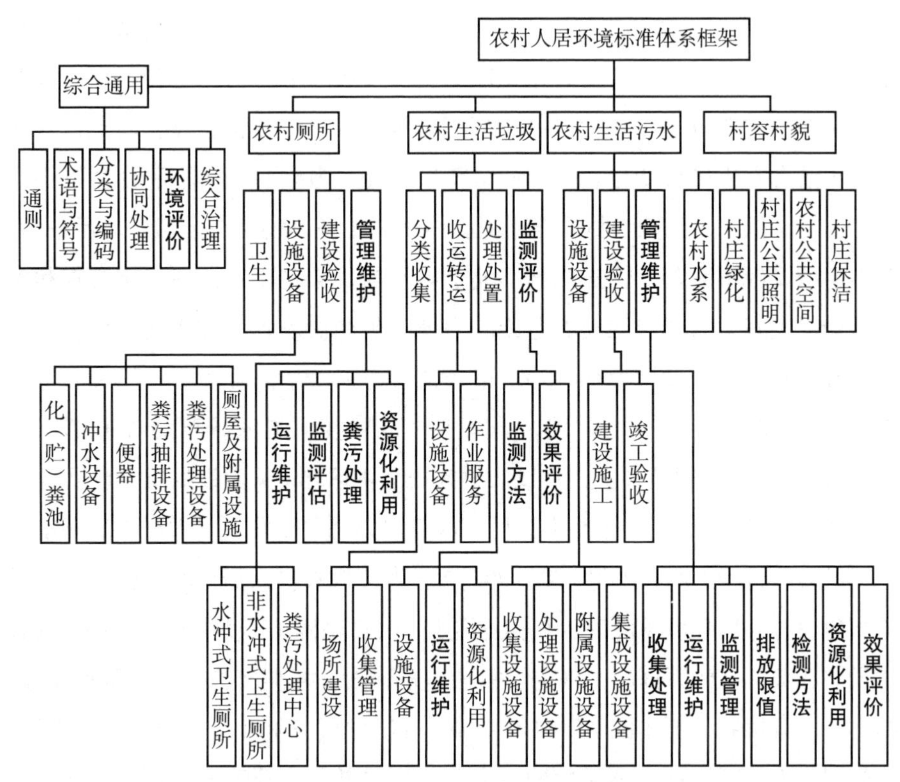

图 1　农村人居环境标准体系框架

通过对各类标准的检索，统计概括出全国农村人居环境管护的地方标准数量及分类，如表 1 所示。总计 28 个省（自治区、直辖市）出台了农村人居环境管护地方标准，共 206 项。其中的综合通用标准从整体上对农村人居环境的管护提出了要求，总计 15 个省份，共 29 项。

表 1　中国农村人居环境管护地方标准数量及分类

单位：项

序号	省份	地方标准总数	农村人居环境标准				
			综合通用	农村厕所	农村生活污水	农村生活垃圾	村容村貌
1	浙江省	28	5	4	3	5	11
2	江苏省	26	2	1	1	6	16
3	安徽省	15	4	2	2	1	6

续表

序号	省份	地方标准总数	农村人居环境标准				
			综合通用	农村厕所	农村生活污水	农村生活垃圾	村容村貌
4	山东省	13	1	4	2	3	3
5	陕西省	12	2	1	1	1	7
6	北京市	11	0	1	4	3	3
7	广西壮族自治区	10	0	1	0	3	6
8	四川省	8	2	5	0	0	1
9	广东省	8	3	1	1	3	0
10	河北省	8	0	1	0	1	6
11	福建省	7	1	0	0	0	6
12	河南省	6	1	0	1	1	3
13	山西省	6	1	2	1	0	2
14	吉林省	6	0	2	1	1	2
15	江西省	6	2	1	2	0	1
16	宁夏回族自治区	6	0	0	3	3	0
17	黑龙江省	5	0	0	0	4	1
18	湖南省	5	2	1	0	0	2
19	辽宁省	3	0	0	1	1	1
20	上海市	3	0	2	0	0	1
21	湖北省	3	1	0	0	0	2
22	重庆市	2	0	1	1	0	0
23	青海省	2	0	1	0	1	0
24	贵州省	2	1	0	1	0	0
25	新疆维吾尔自治区	2	0	1	1	0	0
26	天津市	1	0	0	0	0	1
27	云南省	1	1	0	0	0	0
28	海南省	1	0	0	0	1	0
合计		206	29	32	26	38	81

（一）农村厕所管护相关标准

国家市场监管总局、农业农村部等部门出台的《关于推进农村户用厕所标准体系建设的指导意见》中的指导思想即是要建立农村户用厕所标准体系，发挥标准、规范的引领和带动作用，推动农村户用厕所建设标准化、管理规范化、运维常规化。农村户用厕所标准体系由综合通用、设施设备、建设验收、管理管护四个部分构成，其中，管理维护包括运行维护、监测评估、粪污处理、资源化利用。

1. 国家标准

2012 年，国家卫健委发布的《农村户厕卫生规范》提出了户厕管理维护的卫生要求。2018 年 5 月 14 日的《农村户厕建设规范》规定了农村户厕新建、改建的基本要求；规划设计、施工建设、维护管理、监管评价等创新农村户厕建设管理模式；推进政府引导、群众动手、社会参与的工作格局；充分利用信息化手段管理农村户厕档案，实现规划、设计、建设进度和质量的定期监测和动态管理；完善专业化、市场化的粪污治理机制，实现粪便无害化处理；积极探索户厕建设适宜技术和模式，建设一批农村户厕建设示范县、示范村，发挥示范引领作用。2019 年 8 月的《农村户厕建设技术要求（试行）》，规定了 6 种主要卫生厕所建设及维护管理的基本要求，同年 12 月的《农村公共厕所建设与管理规范》，也对公共厕所的维护管理作出了规定。如表 2 所示，农村厕所相关的国家标准共有 10 项，其中管护相关的标准有 7 项，所占比例为 70.0%。

表 2　中国农村人居环境国家、行业标准中管护标准所占比例

单位：%

	国家标准			行业标准		
	国家标准数量	国家标准中的管护标准数量	管护标准所占比例	行业标准数量	行业标准中的管护标准数量	管护标准所占比例
农村厕所	10	7	70.0	9	1	11.1
农村生活污水	8	3	37.5	28	2	7.1
农村生活垃圾	19	3	15.8	54	12	22.2
农村村容村貌	8	8	100.0	5	4	80.0
合计	45	21	—	96	19	—

2. 行业标准

与农村厕所有关的行业标准有《坐便器安装规范》（JC/T 2425-2017）、《活动厕所》（CJ/T）378-2011）等 9 项，但这些标准中仅有《农村沼气“一池三改”技术规范》（NY/T 1639-2008）涉及管理维护的内容，故管护标准所占比例为 11.1%（见表 2）。

3. 地方标准

通过对地方标准的检索（见表 1），2006~2021 年，有 18 个省份的市场监督管理局（质量技术监督局）出台了 32 项相关标准，最早的一项标准是 2006 年江苏省颁布的《农村无害化卫生户厕技术规范》。而陕西省的地方标准较为全面，其基本要求有：公共厕所应保持正常开放，设置专人管理，并接受各级环境卫生主管部门的管理和监督；由第三方提供服务的农村公共厕所，应与农村公共厕所产权单位或管理部门签订服务合同；应配备一定数量的作业工具、劳动保护用品并定期更换；应对上岗人员提供作业技能、应急技能、文明礼貌等培训；应按相关制度进行每周检查、每月考核；应制定意外事件应急预案。保洁要求有：公共设施、标示完好无损，公共厕所内采光、照明和通风良好；应有专职保洁员，宜进行全天循环保洁；保洁员按作业流程进行清扫保洁；每周应对公共厕所进行消毒除臭至少 1 次，在夏秋季节和传染病流行季节，增加消毒次数。设施的维护有：应定期对公共厕所设施的完好情况、建筑物外立面粉饰、室内暴露管道油饰频次等进行检查，宜设立设施设备检点台账；应检查公共厕所内供水和水冲设施的正常使用情况，发现故障及损坏，应及时报修，填写相关工作记录并保存；设施损坏、破损，应在 2 日内修复；水电等简单故障，应及时修复，公共厕所所配备的抽水泵需每月清洗 3 次，保存设施损坏、报修及修复等相关记录。监督检查有：宜在农村公共厕所明显位置公示负责人、保洁制度、保洁人员信息；定期开展农村公共厕所检查，将检查结果作为工作人员考核依据。吉林省在 2017 年出台的标准中提出建立社会化管护机制；2019 年，江西省也提出建立社会化管护机制；2021 年，山西省提出了鼓励管护市场化。

4. 团体标准

山东省环境保护产业协会发布了《旱改厕粪污处理与资源化利用工程建设技术指南》《旱改厕粪污处理与资源化利用设施运行维护技术导则》两项团体标准。两项标准以粪污资源化利用为主导，建立了粪污收集—储运—好氧生物发酵—生物有机肥生产循环利用链，对农村废物的高效循环利用具有较强的指导意义，有助于破解粪污排放造成的生态环境风险，能够有效指导旱改厕粪污处理与资源化利用设施建设、运行与维护，应用前景广阔，具有较大的推广价值。2019 年 6 月 15 日，辽宁省建筑节能环保协会发布的《农村公共厕所管理与服务要求》《农村户厕三格化粪池技术规范》也规定了监督检查、运行维护的要求。

5. 企业标准

安徽卓新信息科技有限公司发布的《农村卫生厕所智能化长效管护平台》，将物联网、大数据、网络传输等现代技术应用于传统厕所，使之具备运行状态信息收集、控制、管理、调度及自动调节、服务等功能。甘肃恒信环境工程科技有限公司在《农村机械式水冲卫生厕所安装技术规范》中提出“新池建成养护两周后可正式使用，第一次使用前应先在第一格内注水 10~30 厘米”，其余条款则是日常维护保养相关。该公司的另一个标准，《农村干湿分离卫生公共旱厕建设技术规范》则做出了管护机制、人员管理和保洁维护等方面的规定。

其他企业标准大多是对术语和定义、分类与标记方法、性能要求、试验方法、检验规则、标志、包装、运输、储存和安装等方面做出规定，未涉及运行管理或维护的内容。

（二）农村生活污水处理设施运行维护相关标准

在标准体系框架中，农村生活污水的管理维护分为收集处理、运行维护、监测管理、排放限值、检测方法、资源化利用、效果评价等方面。

1. 国家标准

2013 年 11 月，环境保护部批准、发布《农村生活污水处理项目建设与投资指南》，给出农村集中污水处理厂（站）运行费用的参考标准。2018年9月，生态环境部办公厅、住房和城乡建设部办公厅发布《关于加快制定地方农村生活污水处理排放标准的通知》，指出了“农村生活污水处理排放标准是农村环境管理的重要依据，关系污水处理技术和工艺的选择，关系污水处理设施建设和运行维护成本”。该通知还提出农村生活污水处理的总体要求：“农村生活污水治理，要以改善农村人居环境为核心，坚持从实际出发，因地制宜采用污染治理与资源利用相结合、工程措施与生态措施相结合、集中与分散相结合的建设模式和处理工艺。推动城镇污水管网向周边村庄延伸覆盖。积极推广易维护、低成本、低能耗的污水处理技术，鼓励采用生态处理工艺。加强生活污水源头减量和尾水回收利用。充分利用现有的沼气池等粪污处理设施，强化改厕与农村生活污水治理的有效衔接，采取适当方式对厕所粪污进行无害化处理或资源化利用，严禁未经处理的厕所粪污直排环境。”通知中明确要求：“农村生活污水就近纳入城镇污水管网的，执行《污水排入城镇下水道水质标准》（GB/T 31962-2015）；日处理500吨及以上规模的农村生活污水处理设施排放水标准可参照执行《城镇污水处理厂污染物排放标准》（GB 18918-2002）。”生态环境部、农业农村部发布的《农村生活污水处理设施水污染物排放控制规范编制工作指南（试行）》，进一步明确农村生活污水处理排放标准制定要求，指导各地加快推进农村生活污水处理排放标准制修订工作。同年12月28日发布的《农村生活污水处理导则》（GB/T 37071-2018），规定了农村生活污水的收集、处理、排放及以上过程的运行维护和监督的相关要求。2019年9月1日，生态环境部发布《县域农村生活污水治理专项规划编制指南（试行）》，指导各地以县域为单元，开展县域农村生活污水治理专项规划编制，科学规划和统筹农村生活污水治理。2021年5月21日发布的《农村生活污水处理设施运行效果评价技术要求》（GB/T 40201-2021）规定了农村生活污水处理设施运行效果评价的总则、评价指标与计算方法、评价方法等。同年11月8日，《中共中央　国务院关于深入打好污染防治攻坚战的意见》中指出：加强农村生活污水处理设施运行维护，采用符合农村实际的污水处理模式和工艺，优先推广运行费用低、管护简便的治理技术，积极探索资源化利用方式。有条件的地区统筹城乡生活污水处理设备建设和管护。

生活污水的国家标准虽多，但很多污水处理设备的国家标准是对设备型号、基本参数、技术要求、包装、储存和运输等内容作出规定，而不涉及设备运行维护方面的要求。如表 2 所示，农村生活污水相关的国家标准共有 8 项，管护标准总计 3 项，国家标准中管护标准所占比例为 37.5%。

2. 行业标准

城镇建设、环境保护、农业、机械这几个行业均有标准涉及农村生活污水处理。

2014 年 3 月，农业农村部发布《生活污水净化沼气池运行管理规程》，对生活污水净化沼气池运行管理的要求和方法作出了规定，包括运行管理、运行效果监测、沼气安全利用操作和档案管理。2019 年 4 月 9 日，住房和城乡建设部发布《农村生活污水处理工程技术标准》，确定农村污水的处理方法，以县级行政区域为单位实行统一规划、统一建设、统一运行和统一管理，加速了我国农村污水治理标准体系的建设进程。

环境保护行业的很多标准都仅适用于城镇污水或工业废水处理，比如《污水过滤处理工程技术规范》《污水混凝与絮凝处理工程技术规范》《人工湿地污水处理工程技术规范》等。城镇建设的行业标准也与之相似，适用于城镇污水或城市污水的占很大一部分。如表 2 所示，行业标准共计 28 项，其中管护标准总计 2 项，占行业标准的比例为 7.1%。

3. 地方标准

据统计，2011~2023 年，有 16 个省（自治区）的市场监督管理局（质量技术监督局）出台 26 项相关标准，对农村生活污水处理设施的运行维护作出规定。标准内容包括基本要求、安全防护、维护保养、防火防爆、安全操作、常规检测、污泥处理与处置、预处理设施运行管理、污水处理设施运行管理等。大多数相关标准根据当地污水处理设施的特点，提出了有针对性的管护措施，部分省市也建立了运维管理平台，实现污水处理设施运维的数字化和信息化。

4. 团体标准

2021 年 2 月 9 日，中国国际贸易促进委员会建设行业分会发布《小型生活污水处理设备标准》《小型生活污水处理设备评估认证规则》《村庄生活污水处理设施运行维护技术规程》等 3 项团体标准，对国家标准、强制标准编制作出必要补充。同年 3 月 15 日，中国质量检验协会发布《基于物联网的农村生活污水处理管理技术要求》，促进了基于物联网的农村生活污水处理管理体系构建。2022 年 9 月，广西标准化协会发布《乡镇和农村生活污水处理设施远程控制系统技术规范》，推动了污水处理设施运维的智能化。2019~2023 年，中国质量检验协会、中华环保联合会、中国环境科学学会等共发布了 28 项生活污水处理设施运行维护的相关标准，其中 12 项明确指出适用于农村，4 项适用于农村和乡（城）镇，12 项各地统一或农村可参考使用。

5. 企业标准

统计结果显示，有 11 家企业发布了农村生活污水处理设施的运行维护标准。最早的是浙江双良商达环保有限公司发布的《农村生活污水处理系统运维安全》（Q/ZSD 004-2016），标准对运行管理作出了较为详细的规定，包括制定管理制度、定期培训、维护保养等。其后的 10 家企业相继发布《农村生活农村生活污水处理设施运维评价办法污水处理设施运维评价办法》（Q/SJE 46-2020）、《农村生活污水处理技术规范》（Q/520115 GZSW 002-2021）等。

其余的很多企业标准则将重点放在处理设施的技术参数、运输、安装等方面，忽视了设施的管护。

（三）农村生活垃圾处理设施运行维护相关标准

1. 国家标准

2012 年 11 月，卫生部、国家标准化管理委员会发布《村镇规划卫生规范》，对生活垃圾处理设施的运行方式提出了要求。国家市场监督管理

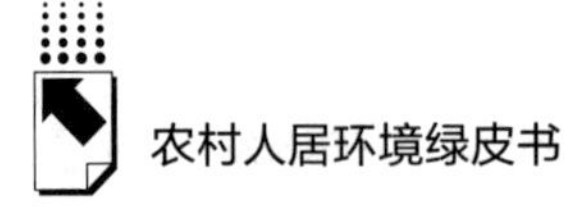

总局、国家标准化管理委员会在2018年发布《生活垃圾分类标志》，提出对生活垃圾分类标志进行定期检查和维护，及时更换缺损标志和清洁标志外表等要求。2019年发布的《农村生活垃圾处理导则》，则对运行维护制度、人员、劳动安全与职业卫生、监督与投诉处理作出规定。2022年5月20日，住房和城乡建设部等6部门发布《关于进一步加强农村生活垃圾收运处置体系建设管理的通知》，明确了农村生活垃圾收运处置体系建设管理工作目标：到2025年，农村生活垃圾无害化处理水平明显提升，有条件的村庄实现生活垃圾分类、源头减量；东部地区、中西部城市近郊区等有基础、有条件的地区，农村生活垃圾基本实现无害化处理，长效管护机制全面建立；中西部有较好基础、基本具备条件的地区，农村生活垃圾收运处置体系基本实现全覆盖，长效管护机制基本建立。该通知还提出要提高农村生活垃圾收运处置体系运行管理水平：加强垃圾收集点（站）的运行管护，推行农村生活垃圾收运处置体系运行管护服务专业化，加强对专业公司服务质量的考核评估。如表2所示，农村生活垃圾处理相关国家标准共有19项，其中管护标准有3项，所占比例为15.8%。

2. 行业标准

2006年3月26日，住房和城乡建设部发布《生活垃圾转运站运行维护技术规程》，对转运站的运行、维护、安全管理提出要求。2011~2017年，《生活垃圾堆肥厂评价标准》《生活垃圾卫生填埋气体收集处理及利用工程运行维护技术规程》《生活垃圾收集站技术规程》《生活垃圾收运技术规程》《生活垃圾堆肥处理厂运行维护技术规程》《生活垃圾堆肥处理技术规范》《生活垃圾焚烧厂运行监管标准》《生活垃圾焚烧厂运行维护与安全技术标准》相继发布。这些标准涵盖生活垃圾收集、转运、堆肥、填埋、焚烧等各方面，其中大部分标准都在运行维护方面提出了较为全面和详细的要求。生态环境部2010年发布的《农村生活污染控制技术规范》对包括生活垃圾在内的农村生活污染控制工作起着指导作用，对填埋场防渗等方面提出要求。如表2所示，农村生活垃圾处理相关行业标准共有54项，其中管护标准总计12项，所占比例为22.2%。

3. 地方标准

2013~2022 年，共计 16 个省份出台 38 项相关标准，对农村生活垃圾处理设施的运行维护作出规定。标准内容包括一般规定、运行管理、维护管理、应急管理、在线监管等方面，涉及垃圾收运、垃圾分类、阳光房、沼气工程、焚烧炉等。以北京为例，2018 年 8 月 18 日发布的《北京市生活垃圾焚烧厂运行管理规范》（DB 11/T 1107-2014），对在各工艺环节（包括垃圾接收、垃圾焚烧、烟气净化等）的运行、维护更新、安全运行、在线监管方面作出了较为详细的规定。而部分地区的标准中有关运行维护的内容较少，如河北、河南等地。

4. 团体标准

如表 3 所示，2020~2023 年上海市安全生产协会、浙江省产品与工程标准化等 7 个团体发布了 14 项相关标准，规定了生活垃圾收运、焚烧等设备的运行与管理要求。以《生活垃圾焚烧厂检修管理规范》为例，其规定了生活垃圾焚烧厂检修管理的基本要求，以及检修方式和检修等级、日常维护检修管理、定期计划检修管理、技术优化项目管理、检修过程管理、检修安全与质量管理、检修总结与设备检修后评估等要求。这些较为详细的检修管理要求，对生活垃圾设备的维护作了补充。

表 3　农村生活垃圾处理设施管护团体标准统计

序号	标准名称	所属单位	发布时间
1	《生活垃圾转运、卫生填埋处置企业　安全生产标准化规范》	上海市安全生产协会	2020 年 9 月 22 日
2	《生活垃圾分类收运管理规范》	浙江省产品与工程标准化协会	2020 年 11 月 27 日
3	《生活垃圾分类、处理和利用要求》	中国国际经济技术合作促进会	2020 年 12 月 2 日
4	《生活垃圾焚烧飞灰处理产物填埋污染控制技术规范》	广东省环境科学学会	2021 年 11 月 11 日
5	《生活垃圾焚烧电厂规范运行评价》	中华环保联合会	2021 年 12 月 15 日

续表

序号	标准名称	所属单位	发布时间
6	《生活垃圾焚烧厂检修管理规范》	上海市市容环境卫生行业协会	2021年12月28日
7	《生活垃圾焚烧厂运营管理规范》	上海市市容环境卫生行业协会	2021年12月28日
8	《农村废弃物处置设施运行管理规范》	浙江省村镇建设与发展研究会	2022年5月1日
9	《各行业生活垃圾分类及收集规范》	浙江省产品与工程标准化协会	2022年10月12日
10	《农村生活垃圾“四定一撤”工作规范》	浙江省产品与工程标准化协会	2022年10月12日
11	《生活垃圾分类数字化管理指南》	浙江省产品与工程标准化协会	2022年10月12日
12	《生活垃圾转运站运行管理规范》	浙江省产品与工程标准化协会	2022年10月12日
13	《生活垃圾焚烧厂炉渣综合利用技术规程》	中华环保联合会	2022年12月28日
14	《生活垃圾集装化运输中转站运营及管理规范》	上海市市容环境卫生行业协会	2023年2月24日

5. 企业标准

生活垃圾处理设施的企业标准较少。北京中再联合检验认证有限公司在2022年8月发布的《生活垃圾分类服务等级评价规范》作出了生活垃圾分类服务运行管理、评价方式与方法的规定，包括人员管理、设施管理维护、安全与应急管理等内容。安徽自然美环境科技有限公司在2023年发布的《生活垃圾收集运输规范》中有关于监测维护的简单规定。而其余的企业标准大多对设备型号、技术参数、试验方法、检验规则、包装标志及运输和储存这些方面作出规定，如智慧泉（天津）生态环境科技有限公司的《村镇生活垃圾处理机》和河南威猛振动设备股份有限公司的《生活垃圾处理系统》。

6. 现状总结

生活垃圾设施管护的相关标准中，行业标准、地方标准、团体标准都比较多，而且住房和城乡建设部发布的行业标准对运行、管理和维护的要求也较为全面和详细，但国家标准和企业标准的数量比较少。与生活污水情况类似，同样也存在多数标准适用于全部地区，只有小部分专门针对农村的现象。

（四）村容村貌管护相关标准

农村人居环境标准体系框架中，村容村貌包括了农村水系标准、村庄绿化标准、村庄公共照明标准、农村公共空间标准、村庄保洁标准。涉及管护的包括这几点：农村水系中农村河道、坑塘沟渠等的管护，村庄绿化中的村庄绿化养护，村庄公共照明中的村庄公共照明管理维护，农村公共空间中的农村公共活动场所管护，村庄保洁中的村庄保洁卫生管护和农村庭院环境卫生的规范化管理。

1. 国家标准

2012 年发布了《照明设施经济运行》（GB/T 29455-2012）、《农村住宅卫生规范》（GB/T 9981-2012），2020 年发布了《农村（村庄）河道管理与维护规范》（GB/T 38549-2020）和《村级公共服务中心建设与管理规范》（GB/T 38699-2020）。如表 2 所示，村容村貌方面共有 8 项国家标准，这些标准均涉及运行管理或评价。

2. 行业标准

2016 年 7 月 27 日国家林业局发布了《乡村绿化技术规程》（LY/T 2645-2016），对村旁、宅旁、路旁、水旁、场院绿化的抚育管护分别提出了要求。同一日发布的《城乡结合部绿化技术指南》（LY/T 2646-2016）也是对苗木的抚育管护作出规定。《农村环保工》（NY/T 2093-2011）和《农村环境保护工》（NY/T 3125-2017）这两项标准对进行相关设施设备管护工作人员的专业技能和相关知识提出了要求。如表 2 所示，行业标准共有 5 项，其中管护标准有 4 项，所占比例为 80%。

3. 地方标准

经检索，2013~2022 年，20 个省相继出台 81 项相关标准，对村容村貌管护作出规定。在这些标准中，一部分是对于村容村貌管理与维护的总体要求，余下则是单独针对农村水系、绿化、照明、公共空间或是保洁的。2016年4月江苏省发布的《农村（村庄）村容村貌管理与维护规范》，简要地提出了农村住宅、道路、河道（塘）、绿化、公共设施、标识、公共场所管理与维护的要求，并对管护机制作出了简单说明。而近几年的标准，有些在内容上则更为详细。福建省2021年4月发布的《村容村貌管理与维护规范》，涵盖了管护原则与模式、管护主体、管护机制、管护要求等内容，其中管护要求这一部分分别对建筑物、道路、桥梁、绿化、公共设施、河道、照明等作出了具体的规定。

4. 团体标准

浙江省产品与工程标准化协会2019年发布的《农村文化礼堂管理与服务规范》、梅州市标准化协会2021年发布的《乡村振兴　农村文化活动中心　建设与服务规范》，规定了公共设施的管护要求。东莞市标准与产业融合促进会2021年发布的《农村危险房屋和倒塌房屋改造四小园指引》、广西标准化协会2023年发布的《农村黑臭水体治理技术导则》《农村水系生态环境修复技术指南》，分别对农村住宅和水系的管护提出要求。汕尾市质量技术协会2022年发布的《新农村村容村貌治理要求》，规定了新农村村容村貌的建筑风格、村庄面貌、村庄道路、村庄绿化、村庄美化、村庄亮化的相关要求。

三　目前存在的问题

（一）标准数量较少

首先是国家标准这一层面。如表2所示，农村厕所、农村生活污水处理设施、农村生活垃圾处理设施、村容村貌的管护标准分别为7项、3项、3项、8项。而对比城市的国家标准，仅生活垃圾这一部分，就有13项[①]。

---

① 刘峥颢、安稳飞：《我国城市生活垃圾标准制定实施现状及建议》，《中国标准化》2020年第2期，第99~104页。

其次是行业标准，农村厕所管护仅有 1 项相关的行业标准；生活垃圾的标准相对较多，有 12 项；生活污水和村容村貌分别为 2 项和 4 项。国家标准的制定一般基于全国各地的普遍情况，对人居环境管护的基本要求是全国性的，并没有针对各地的实际情况。我国幅员辽阔，各省、各市乃至各村的地形、经济水平、农村发展程度、生活习惯等方面都存在巨大的差异，全国标准在大方向上来说，有参考意义，但在具体方面又并不适用。

“市级标准”与“省级标准”同属于“地方标准”，是地方标准的组成部分[①]。而地方标准作为在国家标准的指导范围内，更严格、规范、细致、具体地贴合本地方实际情况的执行标准，它们的及时制定，对推动农村人居环境管护标准的发展起着至关重要的作用。从表 1 地方标准的统计结果来看，尽管地方标准中管护标准总数较多，但发布了综合通用管护标准的省份仅有 15 个，管护标准总数不高于 5 项的省份有 12 个，其中有 23 个省份存在农村厕所、农村生活污水、农村生活垃圾、村容村貌四个子体系标准中至少缺失一类的现象。由此可见，地方标准中管护标准缺失的现象仍然较为严重。

团体标准和企业标准则是更贴合团体、企业实际情况的标准。企业标准对设施设备的技术参数、包装、运输、安装等方面作了重点规范，所用篇幅多，而管护的内容往往被忽视。生活污水处理的标准中，对设备型号、基本参数、技术要求、包装、储存和运输等作出规定而不涉及设备运行维护的情况较多。天津、新疆、贵州等省份在四个子体系中仅有一两项标准，标准缺失情况较为严重。农村厕所和农村村容村貌管护的团体、企业标准数量也很少。

（二）标准适用性不强

以上提及的标准中，从地方标准上来看，约有 17% 并非专门针对农村地区，而是城镇与农村都是适用地区或是农村地区可参照执行。由于城镇与

① 王彭杰、蒯勇：《地市级地方标准发展现状与改革路径——基于标准化工作改革背景下的研究》，《中国标准化》2018 年第 1 期，第 121~126 页。

农村发展情况、生活习惯等存在差异，很多标准中的某些规定并不适用于农村地区。如北京市的《公共厕所运行管理规范》（DB 11/T 356-2017），该标准说明农村地区可参考使用，标准中提到“内部设施故障导致出现停水、停电、漏水、便器堵塞等急迫性维修时，维修人员应在接报 1 小时内到达现场，12 小时内修复”。设施维修时间设置得太短，农村地区受路况限制、人员配置数量少、路程长等问题影响，适用性较差。

另外，一些国家和行业标准在用于某地时也可能因为当地的特殊状况而不适用，这种情况使得地方标准的制定显得更为迫切。

在本次筛查过程中发现，很多标准的内容都有不完善的地方。以《农村户用卫生厕所建设及粪污处理技术规程》（DB 50/T 1137-2021）为例，该标准没有明确管理维护要达到怎样的卫生标准。再者，一部分标准对运行维护的要求仅用几句话简单概述，不利于相关人员的操作执行。村容村貌的管护不同于其他三个方面的是，其涉及的内容比较多和杂，从国家标准层面来看，分别对水系、绿化、照明、保洁、公共空间这些小类作出了规定，对村容村貌的整体管护还有欠缺。

（三）责任主体较单一

目前农村环境整治总体上还是政府为主体，尚未形成政府、市场与社会资本共同参与的动力与约束机制。而农村人居环境的改善是复杂而长期的一项工作，需要基层政府、村集体组织、乡镇企业、农户等多方的协同共治[①]。虽然《农村粪污集中处理式户厕改造技术规范》（DB 14/T 2352-2021）、《美丽乡村卫生户厕建设管理规范》（DB 36/T 1148-2019）、《农村生活污水处理技术规范》（DB 65/T 4346-2021）等标准中提到了社会化、市场化的管护机制，但是还没有形成成熟的主体机制，也缺乏稳定的资金支持。农户也是管护主体的重要组成之一，个别标准提出定期开展宣传，指导农村居民正确

① 董帅、闫海莹：《生态文明视角下农村人居环境整治：问题检视与应对方略》，《西华师范大学学报》（哲学社会科学版）2023 年第 1 期，第 10 页。

使用与维护管理，或对农户使用设施提出一定要求。但这些提倡多元主体的标准只是个例，大部分的标准还是沿用单一主体设定。

（四）标准要求不严格

部分地方标准在人员管理、监测频次、维修时限等方面相较于其他地区同类标准要求更低。很多地方农村基础设施基础薄弱、历史欠账多，如果盲目追求过高的整治标准，常常会带来有限资金投向一个难以快速改善的领域的困境，同时由于缺乏后续资金跟进，难以实现环境的快速有效改善①。但长此以往，管理不得当，设施设备未能合理地运行、维护，可能会导致当地农村人居环境管理变得混乱、缩短设施的使用寿命等后果。

四　建议与对策

（一）加快标准体系完善步伐

首先，根据农村人居环境管护标准的现状，对薄弱的方面加以补充，同时，要明确界定标准界限，厘清各项标准之间的关系，避免出现标准间过多重复和交叉的问题。标准之间有区别，也有所联系，比如农村户厕与生活污水处理之间就有密切关联。在注意调整标准间矛盾问题的同时，也要考虑农村厕所、农村生活污水、农村生活垃圾、村容村貌标准之间的有效对接。必要时可以进行地方标准间的相互交流和实践经验分享②。

其次，要分清主次，有所侧重。农村人居环境的改善是长期任务，对于当前及未来几年影响较大的方面，需尽快和更多地制定标准。

最后，为提高标准的适用性，在制定标准时要紧密结合农村地区的特

① 刘泉、陈宇：《我国农村人居环境建设的标准体系研究》，《城市发展研究》2018 年第 11 期，第 30~36 页。

② 王素霞、丁鑫：《农村人居环境整治的现实问题与建议》，《环境保护》2022 年第 15 期，第 47~50 页。

点。有必要时，还可针对区域气候条件和地形地貌特点等制定标准，比如重庆市的《丘陵山地农村生产生活废弃物处理利用技术规程　第 3 部分：生活污水》就考虑了当地地形的特殊性。还有一些地区有着高海拔、高寒、干旱等特殊情况，在制定标准时也应该充分考虑①，提高标准的可行性。

（二）加强技术支撑

目前农村人居环境管护的专业性不强，还需要一定的技术支撑。

在四个子体系中，农村生活污水、农村生活垃圾处理设施类型较多，各自的运行管理也有所区别。地方标准在制定时可将住房和城乡建设部的一些专业性较强的标准作为参考。以下列举两种生活垃圾处理类型。

堆肥场的运行管理，应设有防尘、除臭、灭蝇、消毒等措施，堆肥产品需对产品质量定期检测，检测的指标包括密度、粒度、含水率、pH 值、蛔虫卵、细菌总数、大肠杆菌值以及主要的重金属污染物（如总镉、总汞、总铅）等。

厌氧发酵处理厂的运行管理，应设置气体流量计，以便实时调控反应器产气率，还要进行 pH 值的检测，保证其维持在正常范围。

对比两种处理类型可知：生活垃圾处理方式不同，运行管理的差异很大，其他三个子体系也存在这种情况。

由此可见，技术是管护的一个重点，也同样是个难点，在标准制定时需要着重考虑技术问题。在农村人居环境管护的某些环节中，可以适当引入第三方机构提供技术方面的支持。第三方机构的参与，可以弥补管护人员数量少、人员专业性不强等问题，能够进一步提升管护的专业化水平和保障管护效果。当然，也可向行业领先的企业需求技术支持，在技术层面努力提升。

（三）明确责任主体，加强各方合作

农村人居环境治理是一项系统性的大工程，以任何单一主体的力量都无

---

① 晋一：《中共中央办公厅　国务院办公厅　印发〈农村人居环境整治提升五年行动方案（2021-2025 年）〉》，《青春期健康》2022 年第 5 期，第 1 页。

法实现我国所有村全面的人居环境提升①。以往的农村人居环境治理通常以政府为主体，但这种传统模式逐渐难以满足农村人居环境发展的各方面需求。多元主体在相关制度与集体行动下的协同共治是社会善治的基础与基本前提。《国家乡村振兴战略规划（2018~2022年）》科学有序地推动乡村产业、人才、文化、生态和组织振兴，为农村人居环境的多元共治奠定了良好基础②。《农村人居环境整治三年行动方案》《农村人居环境整治村庄清洁行动方案》等文件的相继出台，为多元参与农村人居环境治理提供了支持③。

农村人居环境的管护是一项长期、高投入的工作，这需要大量的人员、资金的支持。强化各级市场监管、农业农村、住房和城乡建设、生态环境、水利、卫生健康、林草等部门的联动配合，是管护工作推进的有效途径。除此之外，各级政府、村集体组织、农户与农村人居环境管护密切相关，农户又是农村社会的主体④，三者之间的有效配合势必会对农村人居环境改善起到促进作用。农村地区居住相对分散，农户的支持与配合能使管理维护达到较为理想的效果。同时，社会各相关团体、企业在资金、技术和人员上有着不弱的力量，也应该重视这一个主体。

（四）加强宣传教育

社会公众对环境保护工作缺乏认识，认为环境保护工作是政府职责，未考虑到自身活动对环境的影响，参与度低⑤，这样的现象在全国范围内都是存在的。宣传教育作为培育德治文化的重要途径与手段，其作用不容忽视。近年来，“生态文明”“绿水青山就是金山银山”等理念提出并大力宣传后，

① 叶杜诚：《自主治理+合作治理：农村人居环境整治机制优化——以S村为例》，南昌大学硕士学位论文，2021。

② 《乡村振兴战略规划实施报告（2018-2022年）》，《世界农业》2023年第3期，第2页。

③ 彭道涛：《基层治理现代化视角下农村人居环境多元共治研究》，湖北大学硕士学位论文，2021。

④ 王素霞、丁鑫：《农村人居环境整治的现实问题与建议》，《环境保护》2022年第15期，第47~50页。

⑤ 杨柳、周泽：《加强环境宣传教育、提高公众环保意识的对策分析》，《皮革制作与环保科技》2021年第20期，第124~125页。

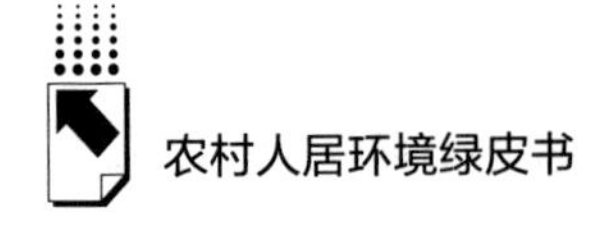

公众对环境问题有了初步了解。基层政府应该重视宣传教育工作，制定相应的科学规划，形成一套完整的宣传体系。通过各种渠道，采取各种形式，在学校、社区等公共场所大力开展环保意识的宣传教育，激发村民的自觉性，使他们积极参与农村人居环境的维护。也要根据宣传结果的反馈做好信息收集和整理，结合实际情况灵活调整宣传方案。

以下具体的措施可以作为参考：通过村务宣传栏进行宣传，向村民们发放宣传图册，上门对村民进行指导，组织村民参加相关的活动，与媒体合作进行公益宣传，利用微信、微博等网络途径宣传，设立专门的宣传教育基地，开展农村人居环境维护知识讲座。

（五）加快市场化机制运用

现有的农村人居环境管护标准中，有一部分提出要建立市场化机制，但受一些原因的限制，完善的市场化机制还未形成。应加快市场化机制的运用，不断完善市场化机制，以符合农村人居环境管护标准发展的趋势。

为落实市场化机制运用，我国的相关领域有不少可以借鉴的案例。以我国流域水资源生态服务的市场化机制运用为例，其政策手段主要是政府财政转移支付，或整合相关资金，基于市场的流域水资源生态服务供给局部地区①。

还有一种市场化思路是通过规模效应降低单位投入成本，提升公司的盈利可能性。比如将多个小型污水处理站打包交由当地一家公司运营，既解决了单个小型污水处理站盈利少而没有公司愿意承包的难题，又在一定程度上减少了人力、物力的成本。

建立相应的市场制度，合理利用市场化的优势，在合理的竞争中能够达到低成本、高配置的效果。

（六）加强人员管理

对生活污水处理设施、生活垃圾处理设施或者其他农村人居环境相关的

① 杨晓露：《我国流域水资源生态服务的市场化机制研究》，湖北大学硕士学位论文，2014。

设备设施的维护、管理以及清洁的人员，根据工作需要应通过一定的专业培训，具备足够的专业知识，了解掌握设备的运行机理和特征，具备一定的设施维护管理经验。以生活垃圾处理设施的管护人员为例，应具有生活垃圾收集、分类、处理和资源化利用的基础知识，焚烧、堆肥等设施设备运行机理与管护知识，以及防火、防爆、应急等基本安全知识。

要有明确的人员管理制度，对运维人员应实行定岗、定位、定责的责任制管理。明确保洁、保养人员的清扫、维护时间与频次，以及维修人员的到达时间和最大维修时长。

定期的人员考核或不定期的抽查也是有必要的，考核的内容和时间则需要根据实际需要来设定，并做好相应的记录。

农村人居环境管护标准的不断完善将为管护工作的实践提供有力的理论支撑，为农村人居环境持续改善提供源源不断的动力。

中国农村人居环境发展大事记（2022.01～2023.12）

2022年1月4日 中共中央、国务院印发《中共中央国务院关于做好2022年全面推进乡村振兴重点工作的意见》，提出接续实施农村人居环境整治提升五年行动。

2022年1月26日 中共中央办公厅、国务院办公厅印发的《乡村建设行动实施方案》明确提出以数字化应用为抓手提升农村人居环境治理水平。

2022年3月16日 农业农村部、国家乡村振兴局召开全国农村户厕问题整改暨农村人居环境整治提升推进视频会。

2022年7月26日 民政部、农业农村部等16部门联合印发《关于健全完善村级综合服务功能的意见》，其中提出：加快推进入户道路建设，扎实推进农村厕所革命，加快推进生活垃圾分类、资源化利用和农村生活污水治理。

2022年10月16日 习近平总书记在中国共产党第二十次全国代表大会上作报告指出，推动绿色发展，促进人与自然和谐共生，推进城乡人居环境整治。

2022年10月25日 国家林业和草原局、农业农村部、自然资源部、国家乡村振兴局联合印发《“十四五”乡村绿化美化行动方案》，提出牢固树立和践行绿水青山就是金山银山理念，持续推进乡村绿化美化。

2022年12月23日 习近平总书记在中央农村工作会议上强调，农村现代化是建设农业强国的内在要求和必要条件，建设宜居宜业和美乡村是农业强国的应有之义，要组织实施好乡村建设行动，提高乡村人居环境舒适度，让农民就地过上现代文明生活。

2023年2月6号　国家乡村振兴局发布《关于落实党中央　国务院2023年全面推进乡村振兴重点工作部署的实施意见》，提出推进宜居宜业和美乡村建设，抓好农村人居环境整治提升。

2023年2月13日　中共中央、国务院印发《中共中央　国务院关于做好2023年全面推进乡村振兴重点工作的意见》，提出扎实推进农村人居环境整治提升，扎实推进宜居宜业和美乡村建设。

2023年2月21日　农业农村部发布关于落实党中央、国务院2023年全面推进乡村振兴重点工作部署的实施意见，提出扎实开展农村人居环境整治提升五年行动，整体提升村容村貌，稳妥推进农村厕所革命，统筹推进农村生活污水和垃圾治理，深入实施村庄清洁行动，引导农民开展庭院和村庄绿化美化。

2023年3月6日　农业农村部、国家乡村振兴局印发《农业农村部　国家乡村振兴局关于通报表扬2022年度全国村庄清洁行动先进县的通知》，对北京市朝阳区等94个村庄清洁行动先进县予以通报表扬。

2023年3月17日　《中国农村人居环境发展报告（2022）》在北京发布。这是中国农业科学院连续第二年发布全国性农村人居环境发展报告，也是农村人居环境整治提升五年行动实施以来该领域最新研究成果。

2023年4月19日　农业农村部印发《关于开展农村改厕“提质年”工作的通知》，提出围绕提升改厕质量，重点开展问题厕所整改质量抽查、新建厕所质量抽查、厕具产品质量抽检、改厕经验和技术模式交流、管护模式遴选推广、资金使用自查自纠、改厕“明白卡”进门入户、开展改厕故事“大家讲”8项工作。

2023年5月20日　农业农村部、国家乡村振兴局在河北省平山县召开全国农村厕所革命现场会。会议强调，要把农村厕所革命作为建设宜居宜业和美乡村的重要内容，坚定信心、坚定不移地持续抓好抓实。

2023年6月9日　农业农村部、国家乡村振兴局召开全国农村改厕工作推进视频会。会议强调，要务实开展农村改厕“提质年”工作，切实提高农村改厕质量和实效，扎扎实实向前推进农村厕所革命。

2023 年 6 月 26 日　中央财办、中央农办、农业农村部、国家发展改革委印发《关于有力有序有效推广浙江“千万工程”经验的指导意见》，提出各地要结合实际创造性推广“千万工程”经验，深化农村人居环境整治。

2023 年 6 月 30 日　国家发展改革委等 6 部门联合印发《国家发展改革委办公厅等关于补齐公共卫生环境设施短板　开展城乡环境卫生清理整治的通知》，提出深入推进农村人居环境整治提升，建设宜居宜业和美乡村。

2023 年 7 月 18 日　习近平总书记在全国生态环境保护大会上强调，今后 5 年是美丽中国建设的重要时期，要牢固树立和践行绿水青山就是金山银山的理念，把建设美丽中国摆在强国建设、民族复兴的突出位置，推动城乡人居环境明显改善、美丽中国建设取得显著成效。

2023 年 10 月 13 日　全国学习运用“千万工程”经验现场推进会在浙江杭州召开。

2023 年 11 月 21 日　生态环境部召开部常务会议，会议指出，农村生活污水治理是农村人居环境整治的重要内容，要学习运用好“千万工程”经验，着力提升农村生活污水治理水平。会议审议并原则通过《关于进一步推进农村生活污水治理的指导意见》《农村黑臭水体治理工作指南》。

2023 年 12 月 11 日至 12 日　中央经济工作会议在北京举行。中共中央总书记、国家主席、中央军委主席习近平出席会议并发表重要讲话。会议强调，2024 年要坚持不懈抓好“三农”工作，学习运用“千万工程”经验，有力有效推进乡村全面振兴，建设宜居宜业和美乡村。

2023 年 12 月 19 日至 20 日　中央农村工作会议在北京召开。中共中央总书记、国家主席、中央军委主席习近平对“三农”工作作出重要指示。习近平总书记指出，要学习运用“千万工程”经验，因地制宜、分类施策，循序渐进、久久为功，集中力量抓好办成一批群众可感可及的实事。会议传达学习了习近平重要指示，讨论了《中共中央、国务院关于学习运用“千村示范、万村整治”工程经验有力有效推进乡村全面振兴的意见（讨论稿）》。

2023 年 12 月 20 日　全国农业农村厅局长会议在北京召开。会议强调，要以学习运用“千万工程”经验为引领，扎实推进乡村建设等重点任务；要扎实有力做好 2024 年农业农村工作，务实推进乡村建设，牵头抓好农村人居环境整治提升。

后　记

本书在农业农村部农村社会事业促进司和乡村建设促进司、国家乡村振兴局开发指导司指导下编制。农业农村部成都沼气科学研究所、中国农业科学院农村能源与生态研究中心集结国内社会经济、资源环境、工程技术等多学科领域专家，组成“中国农村人居环境发展报告（2023）”课题组。课题负责人为王登山，执行负责人为张鸣鸣，联络人为徐彦胜。

本书各篇章作者：

G.1 中国农村人居环境发展测度和评价　课题组

课题组主要成员为王登山、张鸣鸣、龙燕、徐彦胜、刘建艺、杨伟、刘钰聪。报告执笔人为张鸣鸣、杨伟。

G.2 中国农村人居环境发展成就与展望　课题组

课题组主要成员为王登山、张鸣鸣、龙燕、徐彦胜、刘建艺、杨伟、刘钰聪。报告执笔人为张鸣鸣、刘建艺。

G.3 农村厕所革命发展报告　魏孝承、王佳锐

G.4 农村生活污水治理报告　郑向群、刘翀、田云龙

G.5 农村生活垃圾治理报告　农村生活垃圾治理报告课题组

农村生活垃圾治理报告课题组主要成员为张辉、沈玉君、丁京涛、周海宾、马双双、程琼仪、张芸、王娟。

G.6 农村人居环境长效管护机制现状、问题及建议　刘建艺

G.7 村庄清洁行动情况报告　刘钰聪

G.8 地方政府供给农村人居环境管护服务研究　张鸣鸣、崔红志

G.9 农村人居环境农民付费制度的理论与实践——以河南省为例

李越

G. 10 中国农村人居环境管护标准现状、问题及建议　冉毅、周小琪

中国农村人居环境发展大事记（2022. 01～2023. 12）　王昊参与整理

本报告得到以下项目资助：中央级公益性科研院所基本科研业务费专项（Y2023ZK23）、中国农业科学院科技创新工程（CAAS－ASTIP－2021－BIOMA）。

“中国农村人居环境发展报告（2023）”课题组

Abstract

Improving the rural living environment and building a beautiful and livable countryside is an important task in implementing the rural revitalization strategy. The report of the 20th National Congress of the Communist Party of China pointed out that we must firmly establish and practice the concept that lucid waters and lush mountains are gold and silver mountains, improve the level of environmental infrastructure construction, and promote the improvement of urban and rural living environments.

In order to comprehensively and objectively understand and evaluate the development of China's rural living environments, the research group of "China's Rural Living Environments Development Report (2023)", based on the scientific theory of human living environments, and on the basis of extensive and in-depth research on the development of China's rural living environments, constructs the development index system of China's rural living environments by using authoritative data. To describe and summarize the current characteristics of the development of rural living environments in China in 2022, evaluate the development level of rural living environments in 31 provinces and 95 sampled cities from four aspects: human system, social system, housing system and support system, and evaluate the coordinated development level of human and nature in the construction of rural living environments. When the General Secretary of the CPC Central Committee Xi Jinping working in Zhejiang Province, he personally planned, personally deployed, and personally promoted the "Thousand Villages Demonstration and Ten Thousand Villages Renovation" Poject, and thoroughly implemented and learned the experience of "Thousand Villages Demonstration and Ten Thousand Villages Renovation" Project is of great significance to promote the rural living environment with high quality. on the basis of summarizing the main progress in the improvement of China's rural living environments in 2022, this report takes the experience of promoting Zhejiang's "Thousand Villages Demonstration and Ten Thousand Villages Renovation" Project as a starting point, combines local practices, and further summarizes the effectiveness and existing problems and challenges of China's rural living environments development, and proposes to take the promotion of Zhejiang's "Thousand Villages Demonstration and Ten Thousand Villages Renovation" Project as a guide. Further promote the improvement of rural living environment countermeasures and suggestions.

This report focuses on the key contents of the improvement of rural living environment, introduces the latest progress of key tasks such as rural toilet revolution, rural domestic waste treatment, and rural domestic sewage treatment, and analyzes the status quo, effectiveness, difficulties and challenges through policy analysis and practical research, and puts forward corresponding countermeasures and suggestions. At the same time, the report focuses on the establishment of a long-term management and maintenance mechanism for rural living environments, from the key contents and weak links such as policy practice, local institutional coordination, farmer payment system, management and maintenance standard system construction, on the basis of theoretical analysis, based on field research findings, to carry out holistic and forward-looking research, and provide references for the long-term management of rural living environments.

Keywords: Rural Living Environment; "Thousand Villages Demonstration and Ten Thousand Villiages Renovation" Project; Long-Term Management and Maintenance mechanism

Contents

Ⅰ General Reports

Abstract: in the first part of this report, we build an evaluation index system for the development level of rural human living environment in China based on the relevant theories of rural human living environment, measuring and evaluating the development level of rural human living environment in 95 cities and 31 provinces in 2022 from five aspects: human system, social system, residential system and supporting system and in further to measure and evaluate the harmonious development degree of rural human living environment from the Angle of harmonious coexistence between man and nature.

The results show that the eastern region's lead in the development of rural living environment has steadily increased, and the development of rural living environment in the four major regions at the provincial and prefecture scales has increased, with provincial capitals continuing to keep prominent regional leading. in terms of sub-systems, the pattern of human system development in which the eastern region leads has remained stable; the social system has shown overall development but with regional variations; the residential system has shown the pattern of eastern region leading, but with different development trends at different scales; and the characteristic of support system development in which the eastern region leads and the central and western regions are underdeveloped has remained unchanged, but the development level of the support system in the four major regions has been slightly improved. The level of coordinated development of human and nature in rural living environment in 31 provinces and 95 sampled cities is mostly in the state of coordinated development, but the overall degree still keeps low in terms of the average value. The overall level of coordination is higher in the central and northeastern regions, and the coordinated development index corresponds positively to the level of development of natural systems.

Keywords: Rural Living Environments; Natural System; Coordinated Development

Abstract: in 2022, the year of the implementation of the five-year action plan for the improvement of China's rural living environment, this paper summarizes and sorts out the main progress of the improvement of China's rural living environments in 2022, and summarizes and uses the experience of Zhejiang's "Thousand Villages Demonstration and Ten Thousand Villages Renovation" Project or "Qian (Thousand) Wan (Ten Thousand) Project" to explore the development strategy of China's rural living environments. Qian Wan Project has the historical value and far-reaching significance of Xi Jinping's thought on ecological civilization, increasing people's livelihood and well-being, improving the rural ecological environment, transforming the relationship between urban and rural areas, and contributing China's ecological governance plan to the world. This paper absorbs the experience of Qian Wan Project from the aspects of working mechanism, long-term planning, resource allocation, precise policy implementation, and system construction, and uses it to guide the development strategy of China's rural living environments.

Keywords: Rural Living Environments; "Thousand Villages Demonstration and Ten Thousand Villages Renovation" Project; Development Strategy

Ⅱ Special Topic Reports

G.3 Rural Toilet Revolution Development Report

Wei Xiaocheng, *Wang Jiarui* / 057

Abstract: The rural toilet revolution is an important part of the rural living environment improvement. This report expounds on the current situation of rural toilet revolution in China, summarizes existing rural toilet renovation technology models and distribution, and monitors and analyzes the indicators of harmless treatment of rural toilet excrement and nutrient content. The results show that the popularization rate of hygienic toilets in rural China varies greatly across regions, with an "Eastern high, Western low, Southern high, Northern low" pattern. Water-flush toilets are mainly adopted in the eastern, southern, and central regions, while dry toilets are mainly used in cold and water-scarce areas such as the northeast and northwest. The report also identifies the main problems in the current toilet revolution and provides targeted suggestions for solutions.

Keywords: Toilet Revolution; Rural Living Environment; Rural Governance; Agriculture, rural areas, and farmers (Three Rural Issues)

G.4 Report on The Treatment of Rural Domestic Sewage

Zheng Xiangqun, *Liu Chong and Tian Yunlong* / 072

Abstract: Rural domestic sewage treatment is an important part of improving the rural living environment and implementing the rural revitalization strategy. on the basis of summarizing current policy measures, this report analyzes the effectiveness of rural domestic sewage treatment, farmer satisfaction, farmer participation willingness, and sewage resource utilization methods based on questionnaire surveys and on-site research results. The questionnaire results indicate that the effectiveness of rural domestic sewage treatment is significant, and the satisfaction of surveyed farmers is generally high; in villages where domestic sewage treatment has not yet been carried out, the majority of surveyed farmers hope to carry out treatment and have a strong willingness to participate in domestic sewage treatment; Farmers in the central and western regions have a stronger willingness to carry out irrigation and utilization of domestic sewage. However, on-site research has also found that there are difficulties in the overall coordination, operation and maintenance management, supervision and monitoring, and technology selection in some places. It is recommended to further strengthen top-level design, operation and maintenance management, monitoring systems, and technical support, and continuously improve the effectiveness of rural domestic sewage treatment.

Keywords: Rural Domestic Sewage Treatment; Rural Living Environment; Rural Revitalization; Sewage Resource Utilization

Abstract: Rural domestic waste is one of the important factors affecting the quality of the rural living environment. in recent years, government departments have continued to promote the improvement of the rural living environment, and accelerated the promotion of classification, collection and treatment of domestic waste, resulting in the rural waste treatment rate and harmless rate increasing to 91.1% and 75.84%, respectively. The mode of collection and transportation has been continuously innovated, the on-site treatment technology and equipment of organic waste have been continuously developed, and the level of treatment and utilization has been significantly improved. However, there are still problems such as low level of collection and treatment of rural domestic waste, insufficient promotion of new treatment technology, and imperfect operation and management mechanisms. It is suggested that the government should continue to strengthen financial support, strengthen scientific and technological innovation, promote market-oriented operation, guide public participation, and continue to promote the collection, treatment, and resource utilization of rural domestic waste in the future.

Keywords: Rural Living Environment Renovation; Rural Domestic Waste; Collection and Transportation; Resource Utilization

Ⅲ Theme Reports

Abstract: Establishing and improving the long-term management and protection mechanism of rural living environments is an important part of consolidating and improving the achievements of rural living environments. At present, the policy framework for the long-term management and protection of China's rural living environments has been gradually established, the management and protection standards have increased, the socialized services have gradually flourished, the investment in management and protection funds has been continuously increased, and the level of information supervision has been continuously improved. This paper analyzes the status quo of the long-term management and protection mechanism of rural living environments in China, and refers to the relevant management and protection experience of foreign countries to identify noteworthy problems in the system governance of rural living environments in China, multi-agent coordination, village organization and management efficiency, management and protection standard system after facility construction, and operation and protection funding guarantee. The following countermeasures and suggestions are put forward: establish a management and protection system that combines "overall planning" and "decentralization", promote the construction of management and protection standards and norms that combine macro and micro, build a long-term management and protection team that combines social forces and administrative forces, formulate short-term and long-term management and protection fund guarantee methods, and improve the supervision mechanism that combines the rule of law and human governance.

Keywords: Rural Living Environments; Long-term Management and Protection; Mechanism Construction

Abstract: The village clean action is a basic task for improving the rural living Environment. This report analyzes the current status of village clean-up actions based on a survey of farmers by sorting out the policies and regulations, financial inputs, and local practices in the implementation of village clean-up actions. The report analyzes and finds that in the process of comprehensively promoting the village cleaning action, there are still problems such as the role of the masses in some areas is not obvious enough, the progress of environmental sanitation improvement in some remote villages is lagging behind, and the long-term mechanism is not perfect, etc. Finally, it puts forward countermeasures and suggestions in terms of playing the main role of the farmers, focusing on the improvement of the environmental sanitation of remote villages, and establishing and improving the long-term management mechanism.

Keywords: Rural Living Environment; Village Clean Action; Farmers Participate

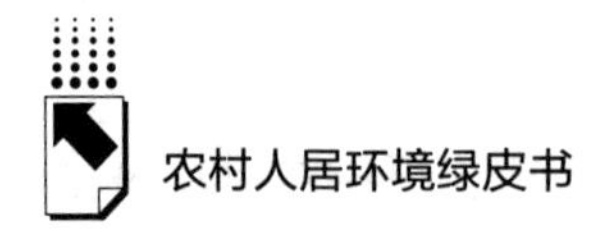

G.8 Research on Local Government Provision of Rural Living Environment Management and Services

Zhang Mingming, Cui Hongzhi / 143

Abstract: Local governments, relevant departments, and operational management units bear the primary responsibility for the long-term management and maintenance of rural living environments. Advancing the sustainable management and maintenance of rural living environments involves enhancing management systems, establishing standard specifications, optimizing functional divisions, increasing financial investment, and introducing social capital. However, addressing the long-term issues of rural living environments involves multiple levels of government and various functional departments, each with distinct management responsibilities. Consequently, policy objectives differ between government levels and functional departments, leading to disparities in the direction, intensity, and timing of financial, human, and material investments. These variations interact with diverse resource endowments, economic and social development levels, and individual household needs, resulting in a series of conflicts and issues. It is imperative to expedite the establishment of a collaborative framework between government levels, their functional departments, and operational management units. Additionally, exploring cross-administrative cooperation and enhancing the institutional capacity of local governments for the management and maintenance of rural living environments is crucial.

Keywords: Rural Living Environment Management; LocaTHEl Government; Institutional Functions

G.9 The Theory and Practice of Farmers' Payment System for Rural Living Environment Improvement

Li Yue / 162

Abstract: Farmers are the main participants and direct beneficiaries of rural living environment improvement, and they play a dominant role in rural living environment improvement. The implementation of farmers' payment system is an important way to solve the problem of insufficient investment and improve long-term input guarantee mechanisms. This article takes Henan Province as an example, based on typical case studies and farmer questionnaire surveys, with a focus on three major areas: rural "toilet revolution", rural sewage treatment, and rural domestic waste treatment. It deeply studies the methods, effects, and feasibility of farmers' payment system in rural living environment improvement, and systematically summarizes the experience and problems, and then provide suggestions on improving the farmers' payment system and the sustainable long-term investment mechanism for rural living environment improvement.

Keywords: Rural Living Environment Improvement; Payment System; Long-term Investment Mechanism

Abstract: This paper analyzes the current situation of care standards in four areas, namely, rural sanitary toilets, domestic garbage, domestic sewage, and village appearance, and finds that there are fewer care standards, less applicability, and a single responsible body in the relevant areas. in order to further improve the management and care standard system of rural habitat improvement, this paper puts forward the suggestions of strengthening technical support, clarifying the main body of responsibility, strengthening multi-party cooperation, and accelerating the application of market-oriented mechanism.

Keywords: Rural Revitalization; Rural Habitat; Standard System; Management and Maintenance

皮书

智库成果出版与传播平台

❧ 皮书定义 ❧

皮书是对中国与世界发展状况和热点问题进行年度监测，以专业的角度、专家的视野和实证研究方法，针对某一领域或区域现状与发展态势展开分析和预测，具备前沿性、原创性、实证性、连续性、时效性等特点的公开出版物，由一系列权威研究报告组成。

❧ 皮书作者 ❧

皮书系列报告作者以国内外一流研究机构、知名高校等重点智库的研究人员为主，多为相关领域一流专家学者，他们的观点代表了当下学界对中国与世界的现实和未来最高水平的解读与分析。

❧ 皮书荣誉 ❧

皮书作为中国社会科学院基础理论研究与应用对策研究融合发展的代表性成果，不仅是哲学社会科学工作者服务中国特色社会主义现代化建设的重要成果，更是助力中国特色新型智库建设、构建中国特色哲学社会科学“三大体系”的重要平台。皮书系列先后被列入“十二五”“十三五”“十四五”时期国家重点出版物出版专项规划项目；自2013年起，重点皮书被列入中国社会科学院国家哲学社会科学创新工程项目。

S 基本子库
SUB DATABASE

中国社会发展数据库（下设 12 个专题子库）

紧扣人口、政治、外交、法律、教育、医疗卫生、资源环境等 12 个社会发展领域的前沿和热点，全面整合专业著作、智库报告、学术资讯、调研数据等类型资源，帮助用户追踪中国社会发展动态、研究社会发展战略与政策、了解社会热点问题、分析社会发展趋势。

中国经济发展数据库（下设 12 专题子库）

内容涵盖宏观经济、产业经济、工业经济、农业经济、财政金融、房地产经济、城市经济、商业贸易等 12 个重点经济领域，为把握经济运行态势、洞察经济发展规律、研判经济发展趋势、进行经济调控决策提供参考和依据。

中国行业发展数据库（下设 17 个专题子库）

以中国国民经济行业分类为依据，覆盖金融业、旅游业、交通运输业、能源矿产业、制造业等 100 多个行业，跟踪分析国民经济相关行业市场运行状况和政策导向，汇集行业发展前沿资讯，为投资、从业及各种经济决策提供理论支撑和实践指导。

中国区域发展数据库（下设 4 个专题子库）

对中国特定区域内的经济、社会、文化等领域现状与发展情况进行深度分析和预测，涉及省级行政区、城市群、城市、农村等不同维度，研究层级至县及县以下行政区，为学者研究地方经济社会宏观态势、经验模式、发展案例提供支撑，为地方政府决策提供参考。

中国文化传媒数据库（下设 18 个专题子库）

内容覆盖文化产业、新闻传播、电影娱乐、文学艺术、群众文化、图书情报等 18 个重点研究领域，聚焦文化传媒领域发展前沿、热点话题、行业实践，服务用户的教学科研、文化投资、企业规划等需要。

世界经济与国际关系数据库（下设 6 个专题子库）

整合世界经济、国际政治、世界文化与科技、全球性问题、国际组织与国际法、区域研究 6 大领域研究成果，对世界经济形势、国际形势进行连续性深度分析，对年度热点问题进行专题解读，为研判全球发展趋势提供事实和数据支持。

法律声明